カリスマ訓練士の

たった5分で犬はどんどん賢くなる

日本訓練士養成学校教頭
藤井 聡

青春出版社

はじめに　たった5分で愛犬が変わりだす秘密

「首輪をつけようとすると、ウウ～って、鼻にしわを寄せて、歯をむいてうなるんです」

「かみぐせがひどく、わたしたちの手や足は傷だらけです」

「玄関チャイムが鳴るたび、人の気配がするたび、吠えて吠えて……」

「道に落ちているものは何でも拾い食いして困ります……」

　わたしのところには、全国から愛犬に悩む多くの飼い主さんが来られます。しつけ教室に通っても、いっこうに改善しない。訓練所に預けても、家に帰ってきたら元通り。そして、「最後の駆け込み寺」として頼って来られるのです。

　ムダ吠え、かみぐせ、うなりぐせ、引っ張りぐせ、マーキング、いたずら、トイレの失敗等々……。「ほとほと困っています！　なんとかしてほしい」という相談に、わたしはこう答えます。

「大丈夫、たった5分でおりこうさんに変わりますよ」

　こういうと信じられないかもしれません。しかし、人間と違って高い学習能力をもつ犬だからこそ可能なのです。先に挙げた例の場合、このような解決法があります。

●首輪を嫌がって抵抗するときは…手で輪っかをつくり、輪の中からエサを差し出しながら犬が首を通す遊びをする。これを5分ほどくり返すうちに、犬は首輪に抵抗がなくなり、自分から頭を入れるようになる➡82ページ

●かみぐせには…エサを一口ずつ食べさせる。これを5分ほどくり返すと、エサはリーダーである飼い主からもらうものだと学習し、主従関係が築かれて、二度とかまなくなる➡46ページ

●玄関チャイムに吠えるときは…少し水の入ったペットボトルを、知らん顔をして近くに落とす（愛犬にぶつけるわけではありません）。これを5分ほどくり返すうちに、吠えると「天罰」が下ると学習して、吠えなくなる➡16ページ

●拾い食いには…あらかじめ道におやつをばらまいておき、愛犬が食べようとするとリードでストップ。おやつは飼い主さんが愛犬に手渡しする。これを5分ほどくり返すうちに、落ちているモノは食べてはいけないことを学習する➡96ページ

それまでやんちゃをしていた愛犬が、5分もたたないうちに落ち着いた態度に変身する様子に、「うちのコじゃないみたい」と皆さん、驚かれます。

はじめに

　また、誤解がないよう注意していただきたいのは、どの方法も、厳しく叱ったり、力で制したりして、愛犬を無理やり矯正するものではありません。犬の習性や学習能力を利用して、自主的に「いい行動」を引き出すものばかりです。

　世間では「バカ犬」「ダメ犬」という言葉がよく聞かれます。しかし、50年以上犬と共に暮らし、今まで数千頭ものさまざまな犬種を指導してきた経験から言えば、もともとバカな犬、ダメな犬は一頭もいません。どんな犬でも大丈夫。ふだん叩いてしつけるなど暴力的な対応をせず、誠実な接し方をしてきた犬なら、みるみる変わっていきます。

　本書では、犬を飼い始めて困っていることはあるけれど、「今までのやり方ではなかなか改善しない」「一からしつけ直すのは大変」という方のために、とくに短時間で効果的なテクニックを選んで紹介しました。

　この本が、あなたの大切なパートナーである愛犬と幸せに暮らすための一助となれば幸いです。

藤井　聡

たった5分で犬はどんどん賢くなる　目次

目次

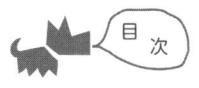

目次

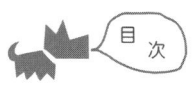

目次

Part 4 「トイレ」「留守番」「いたずら」がみるみる解消する5分間テクニック 123

本文イラスト　ゆーちみえこ
編集協力　コアワークス
本文デザイン　イガラシタカコ（ハッシイ）

Part 1

「吠えぐせ」がみるみる解消する5分間テクニック

吠えつづける愛犬に「静かにしなさい！」と大声で叱った経験はありませんか。

しかし、飼い主さんが大声を出せば出すほど、犬は興奮してますます吠えてしまうものです。

そこでこの章では、飼い主さんが叱ったり罰することなく、犬の学習能力を上手に使って、自主的にムダ吠えをしなくなる速効の方法を紹介します。

1 玄関先で吠える犬には〝マット作戦〟

玄関のチャイムが「ピンポ〜ン♪」と鳴ったとたん、「ワ、ワン！」と吠えながら玄関にすっ飛んでいく。そんな愛犬に困ったことはありませんか。

「コラ！　静かにしなさい！」

などと大声で叱れば叱るほど逆効果。興奮して、ますます激しく吠えるものです。なぜなら、犬には飼い主さんの叱り声が「もっと吠えろ！」という声援に聞こえてしまうからです。

そんなとき、犬自身が「吠えるのをやめよう」と思わせる方法があります。使うのは玄関マット。どのお宅にも敷いてあると思いますが、これを〝滑る〟ように裏返しにします。そして、マットの片端にヒモを取り付け、上がり框《かまち》に敷いておくのです。

さて、チャイムの音とともにワワンと玄関にすっ飛んできた犬に、ここで何が起こるか？

そう、マットに取り付けたヒモを引くことによって足元がすくわれ、〝スッテンコロリン〟となるというわけです。犬の意識は玄関の外に向かっていますから、これは不意打ち。犬はここで、はたと考えます。

「ワワンと吠えて玄関に走って行くと、なんだか知らないけどイヤなことが起こるんだよな〜。だったら、行かないほうがいいかなぁ？　そうだ、やめとこっと」

犬にそう考えさせるには、２つの重要なポイントがあります。ひとつはワワンと吠えている犬に「静かにしなさい！」などと声をかけないこと。２つ目は目線を合わせないことです。声を出すと、犬は興奮して思考回路が働かなくなります。目線を合わせると、犬と〝対決〟することになり、飼い主さんに不信感を抱いてしまう場合があります。スッテンコロリンしたのは〝天罰〟。犬がそう感じて「イヤなことは自ら避ける」ように仕向けるのが天罰方式です。

また、愛犬が転んでケガをしないかと心配になるかもしれませんが、犬社会では、犬同士組み伏せたり地面に押さえつけたりして自分の地位を確認します。室内では問題ないでしょうが、地面がアスファルトやコンクリートなど硬い場所は避けておこなってください。

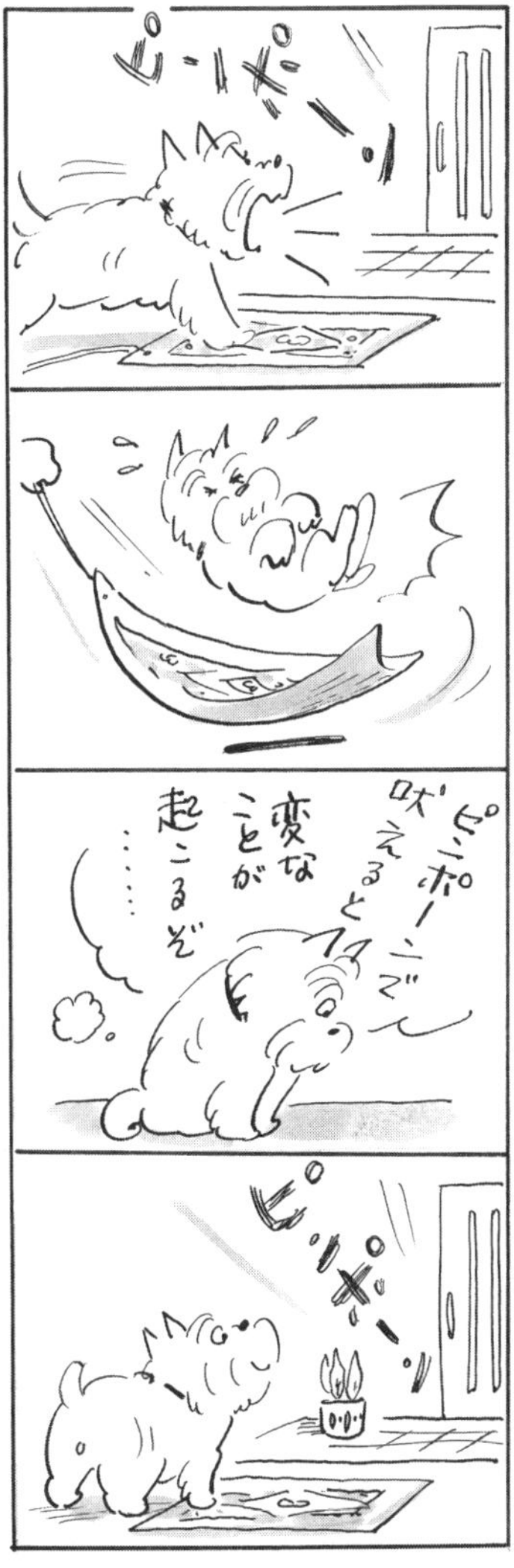

2 電話やチャイムの音で大騒ぎしなくなる〝ペットボトル作戦〟

そもそも犬は、群れで行動し、テリトリーを守ろうとする意識の強い動物です。だから、外敵の侵入にはことのほかデリケート。玄関に近づく足音やチャイムの音は、犬にとってはさしずめ「外敵が侵入してくるゾ〜!」という警戒音といったところなのです。

警戒音が聞こえてくれば当然、ＤＮＡに組み込まれた〝吠える〟という警戒本能がムクムク。そこで「ワンワン」となるわけですが、何度か吠えても、飼い主さんの「マテ」「スワレ」などの制止でやめるのであれば、まったく問題はありません。「だれか来たよ」と群れのリーダーである飼い主さんに知らせ、そこまでを自分の役割と心得ているからです。

「あとは、ボス（飼い主さん）、よろしくお願いしま〜す!」

犬がいちばん安心していられるのが、このポジション。来訪者を告げるまでもなく「飼い主さんが守ってくれる」位置にいるなら、犬にとってはもっと幸せです。

ところが現実は、飼い主さんの制御も聞かず、ワンワンと吠えつづける。犬がリーダーになり、飼い主さんが従属する側になってしまっているというのがその構図ですが、外敵から群れを守るという緊張を強《し》いられた立場にいる犬は、本当はヘトヘト。飼い主さんも周囲への気遣いでヘトヘト。集合住宅に住んでいるならなおのことです。

でも、犬に〝考えて〟もらう天罰方式なら、あっという間に変わります。ペットボトルに少し水を入れ、ワンワンと吠えたときに、犬の顔を見ないで足元にポイ。愛犬は驚いて静かになるでしょう。数回くり返すと、もう吠えなくなります。

「なんで吠えると天罰が起こるのかな」

「そうか。もう守ろうとして吠えなくてもいいんだ」

そう犬自身に気づかせるのです。

ペットボトルを探している間に、タイミングを逃してしまうという人は、家のなかの何カ所に置いておけばいいでしょう。犬が「ワンワン」と吠えて動く動線ではなく、飼い主さんが〝居る〟場所、リビングやダイニングがベストポジションです。

3 ちょっとした音にも敏感なコには〝リードをチョン〟が効果的

玄関チャイムにかぎらず、周囲の〝環境音〟に過敏な犬はいます。配達でまわる車やバイクの音、家の前を通る人の声、ポストに新聞や郵便物が入る音をすばやく聞きつけたりと、とにかく、家を取り巻く音が気になって仕方がないのです。

犬は聴覚がとてもいいので、人が音を聞き分ける前に「ワン」と反応します。神経質で、少し臆病な犬ほどそうした傾向がありますが、こうした場合も考えられるのは、犬がリーダーになっているということです。「守られたい」という欲求が満たされていないから、「早くなんとかしてよ〜」と吠え、自分の領域を守ろうと威嚇《いかく》する必要があるのです。

いつ吠えるかわからない犬には、「つけっぱなしリード」を試してみてください。家のなかでもリードをつけっぱなしにしておいて、「ワンワン」と吠えたときに瞬時にリードをチョンと引くのです。リードの輪の部分をさりげなく持っていれば、対応はスムーズ。

この方法、リードの引き方がポイントになります。「ワン」といったら〝真上〟にチョンと引きます。両前足が少し浮き上がるくらいの引き方がベストです。ただし、リードは張ったままにしないこと。首に不快な感覚を与えることで、いけないことを「考えさせる」のが目的ですから、張ったままでは効果は薄いでしょう。引いたらゆるめて、またチョン、です。

これを犬が吠えつづけている間おこなってください。鳴きやまないうちにやめてしまわないこと。首に不快な感覚を受けただけで、犬には「何がいけなかったのか」かわからないままになってしまいます。15ページで説明したように、愛犬に声をかけない、目線を合わせないことも大切なポイントです。

なお、リードコントロールによって犬の首に不快感を与えるのはかわいそうに思われるかもしれませんが、これは母犬が子犬にするしつけと同じやり方。母犬は子犬の首をくわえ込み、してはいけないことを教え服従性を養うのです。

家のなかでリードを引きずって歩くとうるさいようなら、散歩用とは別に軽いヒモ状のリードにつけ替えればいいでしょう。これなら歩き回っても邪魔にはなりません。

4 「放し飼い」をやめるだけで、安心して静かになる

犬がいちばん安心して、落ち着いていられる場所は？　そう、ハウスのなかです。外敵から守られたハウスで過ごしていれば、すぐに玄関チャイムや環境音に「ワワン」となることは、本来少ないはずです。

ところが、家のなかで〝放し飼い〟にしている場合は、そうはいきません。守ろうとする意識が高ければ高いほど、守備領域も広くなり、あっちへ行っては吠え、こっちでまた吠え、と忙しく走りまわることになってしまいます。

「子犬のころにハウスで過ごす習慣をつけておけば、こんなことには……」

多くの飼い主さんは「後悔先に立たず」を実感しているかもしれません。でも、大丈夫。そんな犬にはとくに、「つけっぱなしリード」は効果的。犬が自ら考えるようになる、とっておきの手段になるのです。

「散歩から帰ったら、いつもは首輪とリードをはずしてもらえるのに、別のリードに付け替えられるんだよね。なんで？」

〝おうちリード〟に付け替えられた犬の様子を観察していると、どことなく戸惑った感じがみられないでしょうか？　そこをしっかり見逃さないでください。

「それになんだか、家のなかで動き回れる範囲が狭くなったようなんだよな……」

飼い主さんがリードの片端を持っていることによって、「ワン」となって飛んでいく範囲が狭められます。

「いつもはチャイムの音で玄関まで行けたのに、リビングから出られない。なんで？」

犬が感じているこの違和感は、飼い主さんに対する〝優位〟をゆずる服従心に結びついていきます。もともと群れで生活してきた犬はリーダーへの服従本能があり、リーダー（飼い主さん）に従うほうが幸せです。

いつもいつも飼い主がリードの片端を持っているわけにはいきませんから、そんなときは椅子やテーブルにリードをくくりつけておけばいいでしょう。

5 お酢スプレーのひと吹きで、一瞬で静まる

警察犬や災害救助犬などは、犬が巧《たく》まずして身につけているすぐれた〝特技〟を利用して使役されています。それは「嗅覚」。犬はとにかく〝鼻〟がいい。逆にいえば臭いにはとても〝敏感〟なわけですから、ワンワン吠える犬には、この特技を逆利用する手があります。

まず、スプレー容器を用意します。ここに水で2倍程度に薄めたお酢を入れる。これで「お酢スプレー」の完成です。手にとりやすいところに置いておき、「ワワン」と吠えたら、知らんぷりして犬の頭上にシュッシュッ（目などに直接かけないように注意してください）。この瞬間、犬はお酢の刺激臭でクシュンとくしゃみの連続です。

「な、な、なんだ？　この鼻につくようなイヤな臭いは！」

臭いに敏感な犬は、とても吠えている場合ではありませんから、あっという間に吠えなくなります。ただ、即効のこの方法ですが、問題がひとつあります。吠えるたびにお酢をスプレーしていたら、部屋中がお酢の臭いで充満し、〝イヤな臭い〟効果も、しだいに薄れていってしまうということです。

玄関マットやペットボトル、リードをチョンの天罰方式と、お酢スプレーの違うところはここ。そこでこんな方法はいかがでしょう。お酢スプレーと「符号」をセットにして条件づ

けるのです。

「イヤな臭いがしたぞ」と犬が感じた瞬間に、「シー」などの言葉の符号を重ねます。すると犬は考えます。

「シーという言葉が聞こえたら、あのイヤな臭いをかがなきゃいけないんだった。ワンワンは、やめとこっと」

天罰方式をおこなうコツは、愛犬と目線を合わせず、言葉をかけないこと。しかし、この場合の「シー」はあくまで符号。ほかの言葉を交えずトライしてみましょう。

6 家族の協力で、「天罰方式」を成功させるコツ

玄関チャイムも環境音も、突然鳴りだします。ですから、吠える犬に、〝天罰〟方式で対応するにも「時すでに遅し」といった状況は起こります。むしろ、「また、ダメだったか……」と、頭を抱えている飼い主さんは多いかもしれません。

「玄関マットのヒモの端を探しているうちに、ワンワン吠えていたコが、ひょいと振り返った瞬間に、目が合ってしまったんですよね〜」

天罰方式は、「目を合わせない」「声をかけない」が大原則ですから、つけっぱなしリードの場合も、そんな失敗はありそうですね。ペットボトルやお酢スプレーでも、それを探しているうちに犬のワンワンボルテージが下がってきて、タイミングを失ってしまった。そういう飼い主さんもいます。

たしかに、飼い主さんの側に余裕がないと、瞬時に〝天罰〟を下すのは難しいかもしれません。ワンワンと吠えたとたん、飼い主さんがパニックになってしまい、「ああ、どうしよう」と、慌てふためく。慌てれば慌てるほど、犬にはそれが伝わり、せっかくの〝天罰〟も、「飼い主がイヤなことをしようとしている」になってしまう可能性は高いといえます。

ここは、「協力者」を動員しましょう。玄関チャイムや環境音を〝待つ〟のではなく、あ

えてチャイムを鳴らすなど、〝迎える〟ことで対応するのです。家族で役割を分担する、あるいは友人に協力してもらいます。

「いま、ヒモを持ったからチャイム鳴らしてくれる？」

携帯電話で協力者に伝えます。玄関マットなら、ヒモを引きやすいところにあらかじめ隠れているといいかもしれません。リードなら、〝真上にチョン〟しやすい場所に、リードの端を持って立つ（座る）、ペットボトルやお酢スプレーも、さりげなく手元に引き寄せておくといいでしょう。

天罰が下ったあとも肝心です。チャイムを鳴らしたのが家族であることを悟られてもいけません。犬にはしばらく「考える」時間を与えましょう。

7 「エサの催促吠え」にはおうちリードが大活躍

食器にエサをザザァ〜と入れる音を聞きつけたとたん、ワワンと吠える。そればかりか、食器を持った飼い主さんに飛びついてエサを欲しがる……。

「そんなにあせらなくても、ごはんはちゃんとあげるんだから、待ちなさい！」

そんな言葉をかけると、ますます「食べさせろ」とばかりに吠えたてます。

「ごはんをあげるまで吠えてていいよ」

犬には、飼い主さんの言葉がけがそう聞こえているのです。これが毎回、毎日、くり返されているとしたら、習慣性の強い犬は、「吠えて飛びつけば、エサがもらえるもの」と勘違いしてしまいます。

ここは犬に考える選択肢を与えましょう。おうちリードがここでも大活躍します。2人で役割分担をしておこなうとスムーズです。

ひとりがエサ係になり、もうひとりが〝リードチョン〟係になります。

ひとりがエサを準備。ザザァ〜という音が条件反射になっていますから、犬はここでワワンと飛びつきます。

このとき、もうひとりのリード係が犬の後ろからリードを真上にチョンと引きます（18ペ

ージ参照）。吠えたらまたチョン、飛びついたらもう一度チョン。首に不快な感覚が伝わることで、犬ははじめて冷静になり、考えることができるのです。

何度かのチョンで態度が変わらなければ、即終了。エサはお預けです。飼い主さんは知らん顔でその場を去ってください。

ここで犬はさらに選択肢を与えられることになります。

「吠えて騒いでいるうちはエサにありつけないぞ」

と考え、ザザザァ～の条件反射がなくなるわけです。犬が落ち着きを取り戻し、要求行動がなくなったら、いつもの場所にポン。

「オスワリ」「マテ」「ヨシ」の符号で、食事を始められることを学習するのです。

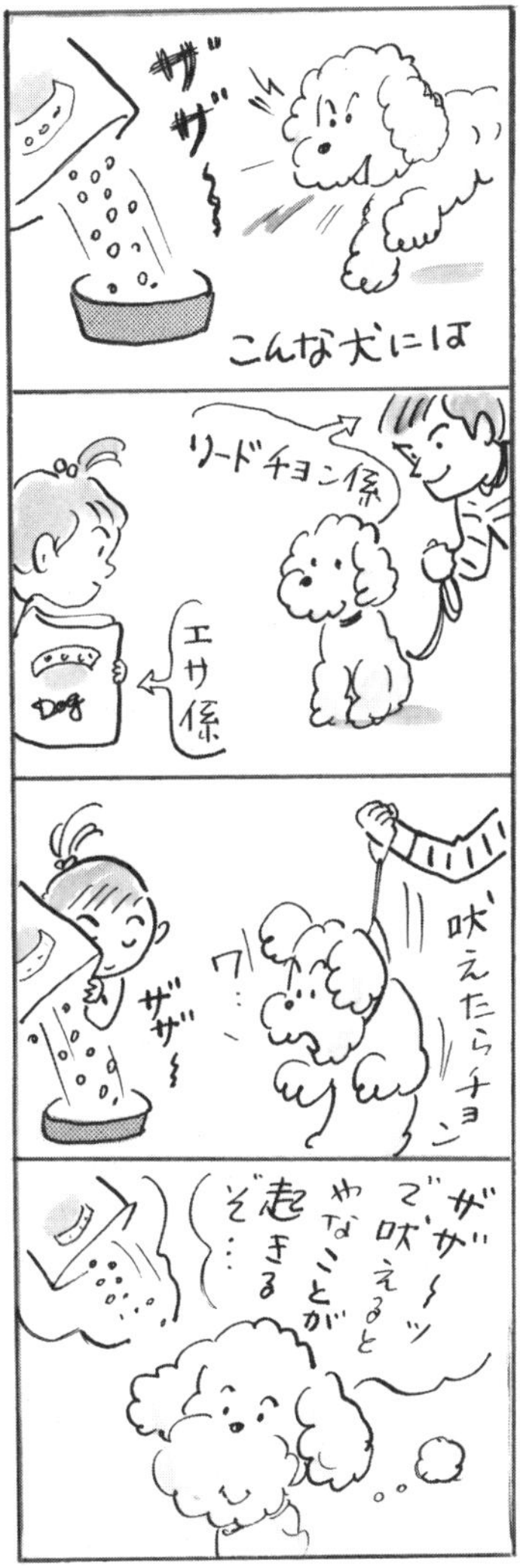

8 「エサをおとなしく待てる」コツは食事タイムをずらすこと

家族の食事がそろそろ終わるとみるや、いつも食器が置かれる場所の前でちょこん。「みんなの食事が終わったら、次はボク（ワタシ）の番だよね。ああ、おなかすいた～」

飼い主さんと人との間に、しっかりとした信頼関係が築かれていれば、吠えて「エサの催促」をすることはありません。

しかし、家族が毎日規則正しく食事をするとはかぎりません。「待つ」時間が長くなることもあれば、短くなることもある。子どもが成長していけば、ひとり、またひとりと、別の食事タイムになったりすることもあるでしょう。

犬はここで混乱します。

「ボク（ワタシ）は、だれの食事時間に合わせればいいの……？」

〝いつもの時間〟にエサが出てこないと、犬はそわそわしたり、催促吠えをしたりということにつながりやすくなります。

そうならないコツは、いつも同じ時間、同じ人がエサを与えないことです。

犬は自分の食事を管理してくれる〝人〟を認識しています。それがいつもお母さんの役目ならば、だれが、いつ食事をしようが、犬は自分の食事を管理してくれるのは〝お母さん〟

と思います。まずこの〝定型〟をやめましょう。

ときには帰りの遅いお父さんの食事が終わったあと、ときには塾へ通う子どもの少し早い食事のあと、それぞれの食事が終わったあとで、エサの時間を変え、与える人も変えていきます。そして、お母さんの食事が終わったあとも、１～２時間、意識的に食事時間をズラしていくのです。

定型が崩れれば、犬はいつ食事の時間がきても、対応できるようになります。

「ごはんはいつも同じ時間、同じ人が与えてくるものじゃないんだね」

子犬の頃は１日に２～３回だった食事も、成犬になると１日１回でも十分な栄養摂取ができるようになりますから、「定型」をやめるのは、将来の健康管理にもつながります。

9 「朝吠え」がやむ〝おさんぽタイム〟の習慣

早朝からうるさく吠える声に悩まされているという飼い主さんは多いようです。そう、散歩の催促です。

近所迷惑だからと、急いで散歩に連れて行っていると大変。犬は、「吠えると散歩に行ける」と理解し、朝の4時から吠え始めるなんてことも……。犬の考えはこう。

「起きるの遅いじゃないか！　散歩の時間だよ～」

「ごめんごめん。そんなに吠えなくたって、すぐに行くから、待っててよ」

と飼い主さんが声をかけていたら、犬はますます吠えれば吠えるほど、早く散歩に行けることを学習してしまいます。

そこで、「吠えても散歩には行けない」とわからせるために、吠えても徹底して無視するのが定石《じょうせき》ですが、時間が早いだけに、ご近所の手前、そういうわけにもいきません。

まずは散歩の催促吠えの原因を取り除きましょう。朝の決まった時間に散歩する習慣をやめるのです。

しかし、そうするとしばらくは催促吠えがもっと激しくなる可能性があります。そこで短時間で解決するために、ここは天罰方式を採用しましょう。つけっぱなしリード（18ページ）

をつけ、吠えている間、リードをゆるめて真上にチョンと引く、をくり返します。吠えても要求は通らない、ということを考えてもらいます。

　真上にチョン、をくり返すうちに、吠えなくなります。しつこいようなら、家のなかでリーダーウォーク（84ページ）をするのも方法です。

　そして、少し落ち着いてきたら、室内トイレへ誘導。散歩中にトイレをするのが習慣になっていると、天候が悪い日など、散歩に行けないときに困ったことになります。朝起きていちばんにすることは家のなかでの排泄、と犬に理解させましょう。理解できれば、すぐ、いいコになります。

10 「外に出して！」と吠える犬には〝ハウス作戦〟

室内犬のさまざまなトラブル。ほとんどの場合、犬に問題はありません。じつは、飼い主さんが愛犬のためを思ってやっている飼い方に問題があるのです。

「そんなに広い部屋じゃないけど、自由に遊ばせてあげたい」

そう飼い主さんは考えて、部屋のなかで放し飼いをする。でも、犬と人では価値観も習性も違います。ムダ吠えやいたずら、トイレの粗相……など、困ったトラブルを生んでいるのは、ほかでもない、その放し飼いなのです。

前にも述べたように、室内で放し飼いにすると、犬にとっては部屋全体が自分の「なわばり」になり、たえず神経をとがらせ、なわばりを守ろうと警戒しなければなりません。

そうはいっても、ずっと放し飼いにされてきた犬を、いきなりハウスに入れたら、おとなしくしているわけはありません。

「なんだよ、いままでと違うじゃないか。早く、出せ！」

ワンワンワン……と吠え立てるでしょう。そこで、情に負けてハウスの外へ出してはいけません。吠えているあいだは、絶対、ハウスのドアを開けないことです。開けてしまったら、「吠えたら、ドアが開く」と犬が理解してしまいます。

「吠えていたら開けてくれない」。犬にそう考えさせる対応をするのがポイントです。黙るまで待つというのも手ですが、いつまでも吠えつづけるようなら、こんな奥の手があります。ハウスの後側をちょっと持ち上げる。平らだったハウスの床が斜めになるわけですから、不安定になった犬は吠えるのをやめます。黙ったら下ろす。そこで、また吠え始めたら、持ち上げるのです。これを5分もくり返したら、「黙っていたほうがいい」と犬が考えて、ハウス内では静かにしているようになります。

また、ドアを開閉する方法もあります。ドアをいったん開け、犬が飛び出そうとしたら、「パン」とドアを閉める。出ようとした瞬間に鼻先でドアが閉まる、という（不快な）経験を何回かしたら、開けても出ないようになります。

11 食事の場所を変えるだけで「警戒吠え」が消える

犬は活動的な動物なのだから、ハウスのような狭い空間に押し込めたらかわいそう。そう思いがちですが、もともと犬は横穴で生活する動物。エサを求めて狩りに出るとき以外は、ほとんど狭い横穴ですごしています。横穴にいれば敵に襲われることもない。外敵が入り込む隙がない狭い空間だから、安心していられるわけです。

ペットとして人間と一緒に暮らしていても、この根源的な犬の習性は変わりません。本来、ハウスのような狭い空間のほうが居心地もいいし、不安のないプライベートスペースになるのです。

つまり、意外に思われるかもしれませんが、ハウス飼いは、「警戒吠え」をする必要のないおだやかな犬になることにつながるのです。

そのためには、ハウスは快適だということを犬に教えてあげること。いま、食事はどこであげていますか？　リビングやキッチンの片隅に食器を置いてそこにエサを入れている、ということがほとんどなのではないでしょうか。

食事はハウスのなかでさせるようにしてみましょう。ハウスに入るのをいやがる愛犬が喜んでハウスに入り、食事をする方法をお教えします。

まず、エサを入れた食器をハウスのなかに入れます。

それに釣られて犬がハウスに入ったら、ドアを閉めてしまうのでしょうか。いえいえ、藤井流はちょっと違います。食器を入れたら、犬が入る前にハウスのドアを閉めてしまうのです。すると、どうなるでしょうか?

犬はエサを食べたくて、なんとかなかに入ろうとします。ドアをガリガリやるかもしれません。「入りたい、入りたい」という気持ちをつのらせるのがコツ。

しばらく焦《じ》らして、ドアを開けたら、犬は喜んでハウスに入っていきます。そこでドアを閉めます。最初は食べたらすぐ出ようとするかもしれませんが、この食事法をつづけているうちに、ハウスはいやだという感覚がなくなり、居心地がいいことがわかってきます。

12 引っ越したとたん騒ぐ犬には〝エサ作戦〟

「引っ越しをしたら、何かにつけて吠えるようになっちゃった。前の家にいたときはいいコだったのに、どうしたのかな？」

飼い主さんのそんな悩みもよく聞きます。引っ越しをすれば、部屋の様子や雰囲気も変わるし、周囲の環境も変化します。見えるものも、聞こえる音も、それまでとは違う。犬にとってはまったく〝別世界〟に放り込まれた感覚になるのです。

これでは、いままでのようにいいコでいること、落ち着いて生活することはできません。しかし、考えようによっては、その状況はいい機会でもあるのです。それまで放し飼いにしていたというケースなら、その機に乗じてハウスで生活する習慣をつけましょう。

もちろん、引っ越したとたんに新しい習慣を押しつけられたら、犬だって黙っていません。文字どおり、うるさく吠えることになるでしょう。ここはゆっくりとハウスに慣らしていく、という対応が求められます。

エサを使います。ただし、ハウスにエサを放り込んで、犬がそれを食べに入ったら、ドアを閉める、という方法では失敗します。ハウスのエサを食べ終わった犬は、すぐにも出てこようとします。そのタイミングで飼い主さんがドアを閉めたら、犬は「騙《だま》したな！」と考えます。そう、飼い主さんに対して猜疑《さいぎ》心を持ってしまうのです。それが飼い主さんと犬がいい関係を築くうえで、大きな壁になることはいうまでもありません。

ハウスに放り込んだエサを食べた犬が出てこようとしたら、入り口のところにもう一度エサを置くのです。犬はエサを食べます。しかし、食べたら出ようとする。そこで、また、エサを置きます。このやりとりをくり返しているうちに、犬は考えるようになります。

「この（ハウスの）なかにいると、エサが自動的に運ばれてくるぞ。こいつはいいや。ヨシ、しばらくここで待っていることにするか」

最初は数粒のエサを入り口で食べさせることから始めたらいいと思います。少しずつその時間を延ばしていけば、必ず、ハウスで生活する習慣がつきます。

放し飼いから
ハウス生活に
変えるには……
エサ
食べおえて
出ようとしたら
エサ
あれ！
また出ようとしたら エサ
ここにいると
自動的にエサが
出てくるゾ

13 5分で完成！ 外飼いワンコのための「安心ハウス」のつくり方

最近は室内で犬を飼うことが多いようですが、室外にハウスを置いて飼っているというケースもあるでしょう。外飼い用のハウスは、おそらく、ドアがついていないものだと思います。それも不安の原因になっているのです。

「ドアがない」ということは、なかにいるときによそものが侵入してくる可能性がある、ということ。これは犬にとって大きな不安のタネです。たえず、侵入者を気にしていたら、ゆったりしていられないし、恐怖だって感じる。ハウスは、到底、安心していられる場所ではなくなります。そこで、誰かが家に近づくたびに吠えたてることになります。「番犬」にはなりますが、同時にムダ吠えが多く、ストレスの強い犬になりがちです。

もう、解決策はおわかりでしょう。ハウスをドア付きにするだけです。そして、犬がハウスに入ったらドアを閉める。四方が囲まれたハウスなら、完全なプライベートスペースになります。侵入者に怯える必要がなくなった犬は、「守られていて安心！」と思い、もう吠えたてることなく、のんびり、ゆったりすごせるのです。

ドアは、飼い主さんがつけてもいいでしょう。ホームセンターなどで手頃な材料はすぐに手に入りますし、取りつける作業だけですから、ほんの5分もあれば完成！ 最高に居心地のいい「安心ハウス」のできあがりです。

ハウスの前に杭を打ち込み鎖をつけ、それに犬をつなぎ出入り自由の状態にしておくパターンは、昔からよく見かける形ですが、犬にとっては一番ストレスのかかる飼い方です。つながれているので逃げられず、ハウスに入っても引きずり出されてしまうからです。「繋留《けいりゅう》義務」とはつないで飼わなくてはいけないのではなく、放し飼いにしてはいけないということなのです。

ハウスのまわりをフェンスのようなもので囲い、そのなかにつながずに入れておくと、囲まれていて、安全・安心のプライベートエリアとなり、居心地のいい環境を提供することができます。ストレスを軽減することにもつながるのです。

ドアなしハウス
よそ者が入ってきたら
どうしよう…
ドアをつけるか
あんし〜ん
フェンスで囲む

14 「ドライブ吠え」がなおる車トレーニング

開けた窓からクンクンと潮風をかぎ、海岸線を走る車のなかで、助手席でおとなしくドライブする愛犬の姿……。こんな光景にあこがれている人は多いかも知れません。

ところが、現実は大違い。車にのせたとたん、大声で吠えたてて、制してもいうことを聞かない。ホトホトがっかりという飼い主さんの声、多く聞きます。

この原因は、じつは室内の場合と同じです。車のなかで〝放し飼い〟にしているからなのです。車は前も後ろも、左右も、全面がすべて見渡せますから、車を走らせれば当然、犬の目にはさまざまなものが飛び込んできます。散歩途中の犬が前からやってくる、後ろからはバイクや自転車がすり抜けていく、景色も目まぐるしく変わります。

「わわわっ、なんだ、なんだ！　落ち着かないよぉ～」

四方八方から飛び込んでくる〝情報〟に、犬はパニクり気味。ワンワンと吠えたてるということになるわけです。

ハウスを車に積みましょう。犬はそのなかへ。いろんな情報が入り込まないプライベート空間は、犬がいちばん落ち着く場所です。

ドライブ嫌いの犬にも、方法はあります。まず、ハウスを車の後部座席に。家族も乗り込みますが、ここでエンジンはかけません。ドアを開放して風の流れをよくして、いつもの家族の団らんの時間をしばらくつづけます。

ここでワンワンいわないのであれば、エンジンをかけます。窓は開放したまま、ゆっくり近所を走ります。声はかけず、家族で楽しい話でもしていればいいでしょう。そう、ここは、いつものリビング。犬がそう感じれば、長距離のドライブも、少しずつ大丈夫になっていきます。

車のなかではハウスが犬のシートベルトになります。愛犬の車内安全確保のためにも、この方法はオススメです。

15 吠えるのがピタリとやむ音楽

「リーダーといっしょに暮らして安心だと思うのは、どんなとき？」

そう愛犬に質問することができれば、さまざまな問題はラクに、〝話し合い〟で解決することもできるでしょう。もちろん、現実はそうはいきません。

「もう、ホントに、どうしたいの（＝飼い主さん）？「どうさせたいの（＝愛犬）？」

おそらく、お互いの「どうなの!?」が日々のくり返しだと思います。

「だって、ボク（ワタシ）、この人のことリーダーだと思ってないもん！」

もし、愛犬からそんな答えが返ってきたとしたら、最悪です。飼い主さんにとってもそうですが、愛犬にとってもストレスの多い日々を送っていることになります。「吠える」という行為は、そのあらわれです。

そんな愛犬がピタリと吠えるのをやめたといって、よろこぶ飼い主さんがいました。

「なぜなのかはわからないけど、ある日突然、吠えなくなって……」

その理由を探してみると、音楽に行き着いたそうです。

「そういえば、ヴィヴァルディの『四季』を聞いていたな～」

この日から家のなかにはつねに「四季」が流れていたというのです。

「あぁ、この音楽、なんだか、気持ちがいいな～。いつもかけておいてね」

犬の気持ちを癒すことに「音楽」がよかったことの根拠は探れませんが、もしかしたら、「四季」を聴きながら飼い主さんの気持ちがリラックスしていたのかもしれません。犬は嗅覚にすぐれた動物ですから、飼い主さんから発せられる臭いの違いを感じとったということも考えられます。

飼い主さんがリラックスすれば、愛犬もリラックスできる。その橋渡し役が、たまたま「四季」だったのでしょう。いかがですか？　飼い主さんがリラックスできる音楽は、愛犬にも伝わります。探してみてはいかがでしょうか。

おたがいのストレスで
犬も吠えやすくなる
飼い主がリラックスすれば犬もリラックス

Part 2

「かみぐせ」「うなりぐせ」「飛びつきぐせ」がみるみる解消する５分間テクニック

かむ・うなる・飛びつく根本原因は、たったひとつ。

飼い主さんと愛犬との主従逆転が原因です。

とはいえ、無理やり従わせようとすると、かえって飼い主さんに逆らって抵抗するようになります。

犬社会のルールに基づいた方法で犬の意識をひっくり返せば、驚くほど賢く変身します。

16 あっという間にかみぐせが消える〝一口給餌《きゅうじ》法〟

かみぐせがある犬に共通しているのは、「オレさまは偉いんだ」と考えているところだ、といっていいでしょう。その鼻っ柱をへし折らないかぎり、かむ行為はなくなりません。といっても、考えを正すのに暴力的な対応は必要なし。エサを一口ずつ食べさせるだけ。それが「一口《ひとくち》給餌《きゅうじ》法」です。

この方法をおこなうことによって、犬は「エサを飼い主さんからもらっている。エサをくれる飼い主さんがボス（リーダー）なんだ」と考えるようになります。

犬にリードをつけ、テーブルの脚などにつなぎます。食器に一口分のエサを入れ、犬の前に差し出します。勝手に食べようとしたら、食器を引いてください。リードでつながれている犬は、エサを食べることができません。この「差し出す」と「引く」を何回かくり返すと、犬は考えます。「どうしたら食べられるんだろう？」。

食べに行くと食べられないことがわかった犬は、食器を差し出しても、食べに来なくなります。待てるようになったら、そこではじめて「マテ」の言葉をかぶせます。それまではすべて無言でおこなってください。

次は「マテ」といってから食器に一口分のエサを入れます。待ったまま二〜三秒したら今度は「ヨシ」の言葉をかけ、食器を近づけてエサを食べさせましょう。この方法で一口ずつエサを与えられた犬は、上位にいる飼い主さんから下位の自分がエサをもらっているのだ、ということを実感するのです。

犬の社会は上下関係がはっきりしたタテ社会。自分はボスではないことを理解した犬は、その分をわきまえ、飼い主さんをかむことはなくなります。

なかには、家族のうち父親、母親はかまないのに子どもはかむ、といった犬がいるかもしれません。そんなケースでは一口給餌法を子どもが担当します。

犬は子どもを下位にいると見ているわけですから、子ども自身がこの方法をおこなって、順位を逆転しましょう。

17 犬社会のルールを利用した、かみぐせ解消法とは

エサの与え方で逆転している主従関係を入れ替え、かむなどの支配的行動をやめさせる「一口給餌法」は、2人の協力体制でおこなうと、さらに効率が高まります。ひとりは食器にエサを入れる役割、もうひとりはリードで犬をコントロールする役割を受け持ちます。

食器に一口分のエサを入れて、犬が食べようとしたら、リードの担当者が「キュッ」とリードを引くのです。エサのところに行こうとした犬は、首が「カクン」となって不快な思いをします。

リードをつないでいるときは、エサに行こうとして行けないという感じですが、このリード「キュッ」のほうは〝天罰〟効果があるのです。そのため、「動かないで、待っていよう」と犬が考えるまでの時間が早くなります。2人が協力できるという環境が整っていたら、より即効性のあるこちらの方法がおすすめです。

ここで、なぜエサを使うことが主従逆転につながるかについてお話ししておきましょう。犬の社会では群れのメンバーが協力して獲物を捕らえます。エサになった獲物を最初に食べるのは群れのボスです。

ボスが食事をしているあいだ、他のメンバーは決して獲物を貪《むさぼ》ろうとはしません。ボスの

「許可」が出るまで待っているのです。ボスの許可があってはじめて、ボスにつづく順位の犬からエサにありつけるというわけです。

この犬社会のルールは絶対です。もちろん、その感覚はペットとして飼われている犬のなかにも残っています。だから、エサをくれる人、「(食べて) ヨシ」の許可を出す人を、犬はボスと認めるのです。

ボスから先にエサを食べる、というルールからすると、飼い主さんと犬との食事時間も考える必要がありそうです。食事の支度《したく》をしているとき、犬がうるさくすると、つい先にエサを与えるといったことはありませんか？　しかし、それでは犬が「オレがボスだ」と考えてしまいます。まず、飼い主さんが食事をすませ、犬にエサを与える。これが原則です。

18

1日5分の〝ホールドスティル＆マズルコントロール〟が従属心をつくる

犬の服従本能を目覚めさせて、従属心を高めるうえで絶大な効果を発揮するのが「ホールドスティル＆マズルコントロール」です。基本的なやり方を説明しましょう。

飼い主さんは立った状態で横に犬をすわらせます。そこから犬の後に回り込み、両足のあいだに犬を挟《はさ》み込むようにします。腰を落として膝をつき、股のあいだに犬を挟んで、胸のなかに入れるように、背中から抱きかかえます。これがホールドスティルです。

犬の背中と胸をピッタリつけるのがポイント。隙間《すきま》があると犬が動きやすく、抵抗につながります。また、抵抗してもガチッと抱きしめてロックし、絶対に放してはいけません。放すと犬は「なぁんだ、暴れたら放してくれるんだ」と考えてしまうからです。

大型犬の場合は椅子《いす》を使うといいでしょう。飼い主さんは椅子に腰掛けた状態で、後から抱きかかえます。犬の大きさによって、ふつうの椅子と背の低い椅子（たとえば、お風呂の椅子など）を使い分けると、ホールドスティルの態勢をとりやすいですね。

マズルコントロールは、ホールドスティルの態勢から、一方の手で犬のマズル（口）を下から持ちます。もう一方の手は犬の胸元に当てておきます。そして、マズルのコントロールです。右へ向けたり左へ向けたり。上下にも動かしましょう。最後はグルリと回すようにして終了です。1日5分、毎日つづけるようにしてください。

上位のものが下位のものにさわっても、その逆はありえないのが犬の社会の掟です。つまり、さわられるということは、自分が下位にいるのを知ることだ、といっていいでしょう。しかも、後からかかえられるという、抵抗できない態勢をとられるわけですから、自分が下位にいるとの意識は高まらざるを得ません。

そのうえ、もっともさわられるのをきらうマズルを自在にコントロールされたら、完全に従属的な位置にいることを理解するようになります。1日5分の「ホールドスティル&マズルコントロール」が正しい主従関係を築いていくのです。

1日5分つづけよう!
ホールドスティル
後からしっかり抱きかかえる
マズルコントロール
口を上下左右ぐるりとひと回り
大型犬の場合は……
椅子

19 誰がさわっても平気になる〝タッチング〟術

主従関係が修復されたとたん、かむ・うなるなどの問題行動がなくなった、という飼い主さんの報告がたくさん寄せられています。ひとつポイントとして押さえておいてほしいのは、家族で犬を飼っているケースでは、家族全員が犬といい関係を築くということです。

たとえば、両親が「ホールドスティル＆マズルコントロール」をおこなって、上位であることを理解させても、子どもたちがそれをしなければ、犬は子どもたちを下位に見るということがあるからです。

すると、両親には従属的でも、子どもたちが犬にさわると甘がみをする、といったことが起こってきます。

「カラダの大きい2人は自分より上だけど、チビちゃんたちは下だろう」

犬のなかにあるのはそんな考え。ここは両親と一緒に子どもたちも参加して「ホールドスティル＆マズルコントロール」をすることが大切です。最初は両親がヘルプするかたちで取り組み、最終的には子どもたちがそれぞれ、ひとりでできるというところまでもっていきましょう。そうなったら、犬は家族のなかで自分がいちばん下位だ、ということを理解します。家族全員に従属的になるわけです。

「ホールド～」ができたら「タッチング」にもトライしましょう。犬を横向きに寝かせて、耳や足、しっぽなどの〝先端部分〟をさわります。さわるのをいやがる先端部分をタッチングすることで、従属心がどんどん高まります。

足は肉球の部分も触ること。尻尾は付け根から先端までくまなくさわってください。犬がじっとしていないようなら、上から「ドン」と押さえつけてロック、動いてはいけないことを教えましょう。

仰向けにしておなかやそけい部（両脚の太ももの付け根）、口の周辺や耳もさわるようにします。「タッチング」をつづけると、犬は「あれっ、どこをさわられてもいやじゃないぞ」と考えるようになり、従属心は万全なものになるのです。

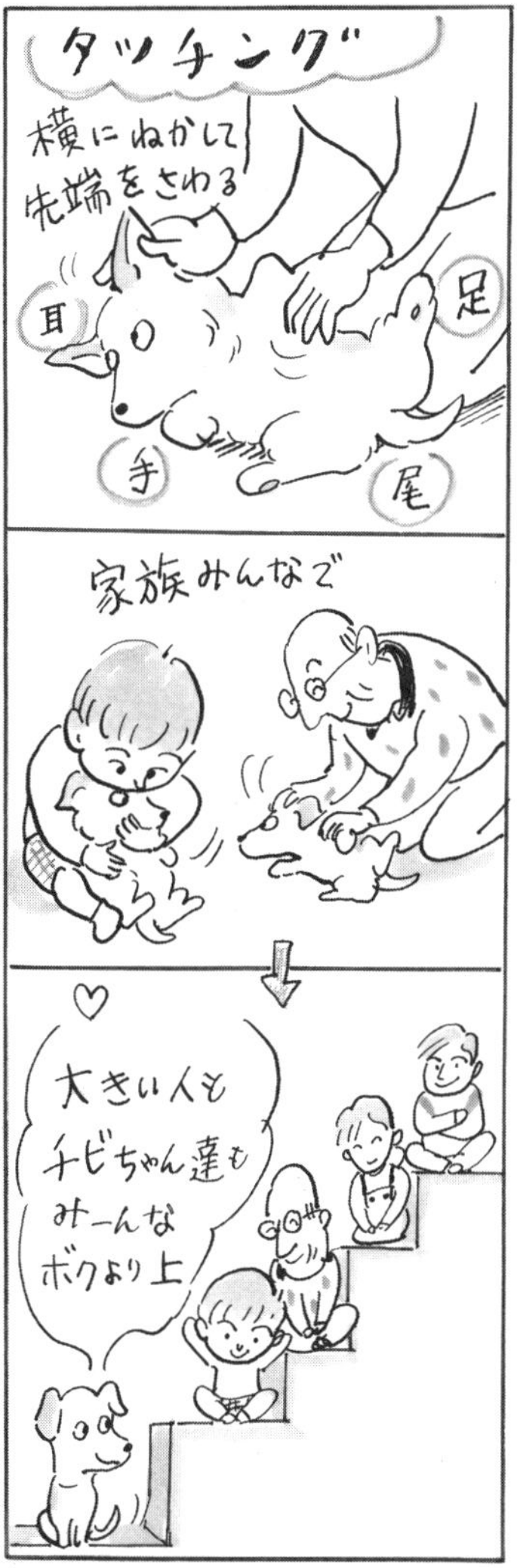
タッチング
横にねかして
先端をさわる
耳
足
手
尾
家族みんなで
大きい人も
チビちゃん達も
みーんな
ボクより上

20 ひとりでは手に負えない犬にはこの手

「ホールドスティル＆マズルコントロール」は子犬のうちから、できれば生後2カ月すぎ頃からおこなうのがいいと思います。まだカラダが小さくて扱いやすいし、権勢《けんせい》本能も未発達で素直だからです。かわいがるばかりで、わがまま放題に育ててしまっていると、成長すればするほど抵抗も大きくなります。

カラダが大きくなって、ひとりでコントロールできないときは、２人一組でチャレンジしてみましょう。

ひとりが犬の前からご褒美《ほうび》（エサ）を少し与えます。犬が食べているあいだに、もうひとりが後ろに回り、そっと股に挟み込んでホールドの態勢をとります。〝されたくない、いやなこと〟である「ホールド〜」をご褒美によって、〝いいこと〟にすり替えるわけです。

犬の抵抗を抑えるコツは、片手で下顎をガッチリ持って、犬の背中と自分の胸を密着させること。このロックができたら、犬は抵抗できなくなります。もっとも、最初からうまくロックするのは難しいかもしれません。

そこで、抵抗しそうになったらご褒美をあげる、ということをくり返してください。ご褒美を食べることに夢中になっているあいだは、「ホールド〜」の態勢をとっても抵抗はしません。くり返しているうちに、犬はその態勢でいることに慣れていきます。抵抗するまでの時間が延びていくのです。

「ホールド～」されながら、犬はこんなふうに考えています。

「ご褒美が出てくるはずなんだけどなぁ。いつくれるのかな？　ねぇ、いつくれるの？」

ご褒美に対する期待感が高まっているうちは抵抗しないで、「ホールド～」の態勢を受け入れるようになるのです。その間、マズルコントロールも少しずつおこなうようにしてください。

犬は順応性にすぐれていますから、ほどなく「ホールド～」されることへの抵抗感は消え、ご褒美なしでも自在に扱えるようになるはずです。

21 甘がみをしなくなる〝遊びのルール〟

甘がみをやめさせる基本は「ホールドスティル&マズルコントロール」によって、飼い主に対する従属心を盤石《ばんじゃく》なものにすることですが、意外な方法が効果を上げることもあります。しかも、きわめて簡単です。

遊んでいるうちに甘がみを始めたら、何もいわずにただちにその場を離れる。たったこれだけ。首をかしげる人が多いでしょう。

「そりゃあ、離れてしまえばその場では甘がみはしないだろうけど、それと甘がみを〝やめる〟こととは違うのでは？」

そうではないのです。犬が甘がみを始めるのは、遊びに誘っているということです。飼い主さんがそれに乗ってしまうと、順位を決める絡み合いになっていきます。犬は遊びを通して順位を決めていますから、自分が優位だということを示そうとするのです。

ただちにその場を離れるということは、犬が仕掛けてきた挑発に乗らない、ということですね。何もいわず、そっぽを向いて、どこかに行ってしまえば、

「なんだ、遊ばないの？　せっかく誘っているのに、そんなふうに無視されちゃうんじゃ、つまんない。もう、誘うのやめよっかな……」

犬はそう考えます。その結果、その場だけではなく、甘がみそのものをしなくなる、というわけです。

ところが、飼い主さんの多くは犬がじゃれてくると、「おぉ、よしよし。じゃあ、ちょっと遊ぶか」と誘いに乗ってしまう。そうすると、犬はちょっかいを出せばこたえてくれる、と考えるようになります。

前述したように、遊びは順位決めです。遊びのなかで犬は自分の優位性を露《あら》わにしていくのです。飼い主さんが主導的に遊ぶのなら問題はありませんが、犬のちょっかいに乗るかたちは避けてください。ちょっかいには「無視」「無反応」に徹する。ここが犬を勘違いさせない重要なポイントです。

22 「テリトリー」の外にいるときがしつけのチャンス

犬にとって自分のテリトリーは大きな意味を持っています。そこはなんとしても守らなければいけない場所であり、また、いちばん安心していられる場所でもあります。もちろん、思う存分自由に自分を出して行動できるのもテリトリー内です。

ところが、しつけという面からいうと、これが少し困ったことになる。飼い主さんとのあいだにしっかり主従関係ができていればいいのですが、できていないケースでは犬の「我《が》」が出やすくなってしまうのです。

たとえば、「ホールドスティル＆マズルコントロール」や「タッチング」をしようとしたとき、領域内意識がムクムクと湧き起こってきます。

「ここはオレのテリトリーだぞ。なにを勝手なことやろうとするんだ。そんなことはさせるもんか！」

強気になって猛烈に抵抗する、といったことになるわけです。逆にいえば、テリトリー以外の場所では強気は影をひそめ、弱気の虫があらわれてきます。犬を連れて実家や友人の家にいったときなど、

「あれ、いつもこんなじゃないのに、このコ、きょうはずいぶんおとなしいね」

と感じた経験がある人は少なくないはず。テリトリーの内と外では犬の気持ちはまったく違ったものになっているのです。これをしつけに利用します。

家ではなかなか思うようにいかなければ、テリトリー以外でしつけをしたらどうでしょう。実家が近くならそこに行くようにしてもいいし、公園に連れて行くというのもおすすめです。

ただし、ふだんの散歩でよくいっている公園は効果が期待できません。見慣れたところ、歩き慣れたところには縄張り感覚を持っているからです。つまり、そこでは強気でいられるわけです。「初めて（行く場所）」「不慣れ（な場所）」をキーワードにして、ふさわしい場所を探しましょう。

わが家
しつけようとしても..
おれのテリトリーでさわるな
はじめての公園
ちがう場所こそしつけのチャンス
ホールドスティル

23 なかなかカミカミした手を放さない犬に速効の方法

甘がみにどう対処しているかは、飼い主さんによってそれぞれ違うのではないでしょうか。クチュクチュしているのが「かわいい」と、なすがままにさせている人もいるでしょうし、「だめよ!」「こら!」と一喝しているケースもあると思います。

しかし、前にもお話ししたように、甘がみはだんだんエスカレートしていきます。犬が成長していけば、甘がみとはいえ、飼い主さんに痛みを与えたり、傷つけたりする可能性が出てくるわけです。

今まで「かわいい」ですませてきた飼い主さんが急に宗旨《しゅうし》替えして、「だめ」に転じても、〝甘がみはOK〟と考えている犬が、おいそれと従うわけもありません。やはり、一からしつけをし直すほかないのでしょうか。

実際にいま甘がみしていて、なかなか放さないときは? そんなときは、こんな速効法があります。甘がみをしている犬の耳に「フッ」と息を吹きかけるのです。

犬の耳は人間とは比べものにならないほど高性能ですから、一吹きで犬はびっくりして「ギョッ」となり、かんでいる指なり手なりを放します。

そうしたら、56ページで説明したように、その場を立ち去ってしまえばいいのです。

この方法は天罰方式なので、息を吹きかけるときは知らんぷり、立ち去るときも無言、素知らぬ顔で行動することがポイント。犬に、

「あっ、いま息をかけたな」

と悟られないよう注意してください。

ただし、犬にみずから「甘がみはしてはいけない」と考えさせるには、日々の「ホールドスティル＆マズルコントロール」「タッチング」が有効です。

甘がみをやめさせる
速効法
ギョッ
犬の耳は敏感

24 素直な子犬が育つ〝抱っこ〟法

かむくせは子犬のころの甘がみから始まっています。じゃれて手をチュッチュッとされると、「ほら、遊んでる、遊んでる」なんて受けとったりします。かわいくて仕方がなくて、つい、されるがままになってしまうのではないでしょうか。

たしかに、本気でかんでいるわけではない甘がみは、子犬の愛情表現だと感じるかもしれません。

しかし、それは遊んでいるのではなく、群れのなかで順位を確認する行動です。たとえ子犬であっても、甘がみをすることで、

「自分はこの人より上位にいる」ということを確かめているのです。かむという行動は、犬の社会では、上位のものが下位のものに対してすること。逆はありません。つまり、甘がみをさせておけば、子犬は自分が上位、飼い主が下位、と考えるのです。

そのまま成長すれば、今度は本気でかむようになる可能性が十分にある、ということを知ってください。子犬のうちから、いいえ、子犬のうちだからこそ、従属心をきちんと育てることが大切なのです。

手にじゃれついてきたら、おなかを上に向けて抱っこする。そう、赤ちゃんを抱っこする

要領です。

　おなかを上に向けた無防備な態勢はまさに従属そのものです。この赤ちゃん抱っこをしながら、おなかをたくさんさわってあげましょう。抱きグセの心配などはいりません。抱っこすればするほど、従属心は強固なものになっていきます。

「この人にはすべてをまかせても大丈夫なんだ」

　そう子犬は考えるようになるのです。

　くり返しますが、子犬は人間の赤ちゃんとは違う習性を持っています。同じ「ふれ合い」や「スキンシップ」をするなら、犬をボス化させる甘がみや飛びつきではなく、この抱っこ法でかわいがってください。

子犬の甘がみも
ボクこの人より上なのよ
赤ちゃん抱っこで従属心をそだてよう

25 食事中に近づくと「ガウ～!!」がストップする方法

食器の中に入れられたエサを「カリカリ」。その音を聞きながら、「きょうもしっかり食べているわ、いいコね～」と目を細めていたら、いつの間にか、食器に近づいただけで「ウ～」。日に日にそのうなりが大きくなるようなら、これは危険サインです。

犬にはそもそも、自分のものを守り、獲られまいとする監守本能がそなわっています。犬の祖先であるオオカミのDNAは、「今度いつ獲物にありつけるかわからない」ことを伝え、犬はそれを必死で守ろうとしているのです。

「食事しているんだから、あっちへ行っててよ。これ、ボクのだからね！」

この状況の「主」は？「従」は？ そうです。あきらかに主従関係が逆転している状況だと考えてください。「主」は、もちろん犬です。

リーダーの座を取り戻しましょう。私が「3大しつけ法」と呼んでいるホールドスチール&マズルコントロール（50ページ）、タッチング（52ページ）、リーダーウォーク（84ページ）がおすすめです。

もっと早くなんとかしたいなら、対処法として「一口給餌法」（46ページ）が有効です。エサは人の手からもらうもの。これをきっちり学習してもらいます。食器のなかに一口ずつエサを入れる、手のひらにエサをのせて、それを食べさせる……。ここは犬の〝ボス化〟に応じて、あの手この手です。

食事の前に「背線マッサージ」（68ページ）をおこなうというのも、〝あの手この手〟になります。ボス化した犬は絶えず緊張を強いられていますから、この方法で緊張を和らげる。そのあとに食事タイムという方法もあります。

成犬になっていると、「ウ〜」のストップは難しいといわざるを得ませんが、「ウ〜」をいわせないいちばん簡単な方法があります。食事を与えたら、食べている間は近づかないこと。そこに犬が緊張せざるを得ない環境をつくらないことです。リーダーの座を取り戻すのはここからと考えましょう。

エサとるな
ウ〜
食事中は近づかない
それからあの手この手でボス化を直そう
3大しつけ
食前に
背線マッサージ
マテ
一口エサ作戦

26

おもちゃをくわえてうなる犬には〝おやつ作戦〟

犬を飼い始めたばかりはあれやこれやと、おもちゃを選ぶことも楽しみのひとつだったに違いありません。子犬の頃はどんなものにも興味津々《しんしん》遊んでいますが、成長すると少しずつ、その姿にも変化があらわれてきます。

「ボールを投げたら、うれしそうにくわえて戻ってきていたのに、いつからか、くわえたボールを出させようとするとうなるようになって……」

どうしてですか？　そんな質問は多く寄せられます。飼い主さんのリーダーとしての地位が、若干弱まっていることが考えられますから、その地位を上げることをまず考えること。そして、こんな方法で対処しましょう。

おもちゃで一緒に遊んだあとは、与えっぱなしにしないこと。

「遊びは終わりね。はい、ボール、返してね」

子犬の頃からこの習慣をつけておくのがいい。でも、うなっている犬は頑固です。くわえているままボールを引っ張って離そうとすると、さらに「ウ～」。こんなときは、ボールをもう1個、用意しておきます。

「あれ？　もう1個、ボールがあるな～？？？」

ボールが2つあることがわかると、犬はくわえていたボールへの執着心が薄れます。その様子が見てとれたら、もう1個のボールを投げる。犬はくわえていたボールを離して、飛んでいくボールを追いかけていきますね。「ウ〜」という状況は敵対関係を生んでいますから、その時間はなるべく短くすることがポイントです。

ボールとエサを交換するというのも、とっておきの方法になります。「ウ〜」となったら、エサを床にまいてください。犬はもちろん、おいしいおやつには目がありません。

「こっちのほうが、いいや〜!」

その間にボールをさりげなく拾います。ポイントはエサは手から与えないこと、ボールを拾うときは、犬がエサに夢中になっていることを確認することです。

おもちゃを放させるには…
あれ、もうひとつある
あるいは…
エサ
こっちのほうがいいや

27 ブラッシング嫌いに効く〝背線マッサージ〟

犬のお手入れで欠かせないのがブラッシング。ところが、ブラッシングをしようとすると、「ウウ～」とうなる、あばれて抵抗する。困りますよね。

ブラッシングをいやがる原因としては、からだにさわられることに慣れていない、ということがひとつ、考えられます。

そもそも犬は、手足やしっぽをさわられるのが苦手です。ブラッシングのルートには、手も足も、しっぽもあります。ここをいやがるのであれば、タッチング（52ページ）を十分にしたうえで、ブラッシングにトライしてみましょう。

過去に、ブラッシングをして痛い思いをした。たとえば、毛玉が引っかかって毛が抜けたといったマイナスの記憶が残っていると、いやがるケースもあります。この場合も、タッチングが効果的ですが、もうひとつ、こんな奥の手があります。

それが「背線《はいせん》マッサージ」です。

犬の背中には自律神経が走っています。自律神経には相反する作用をする交感神経（昼間活動的にはたらく）と副交感神経（眠っているときにはたらく）がありますが、この両者の関係を上手く利用したのが、背線マッサージです。

やり方は簡単。しっぽのつけ根から首までのラインを、五本の指の爪を立ててマッサージします。これを何回もくり返し逆毛を立てるのです。犬はうっとりとした表情になります。気持ちが落ち着いてきます。

なにか恐怖を感じたり、なんらかの刺激により興奮したとき、交感神経が働き逆毛が立ちます。そこで、今度は立った毛を戻すために副交感神経が働き、気持ちを落ち着かせるのです。

この「手」を「ブラシ」に替えてブラッシング。あっという間に、ブラッシング大好きになりますよ。

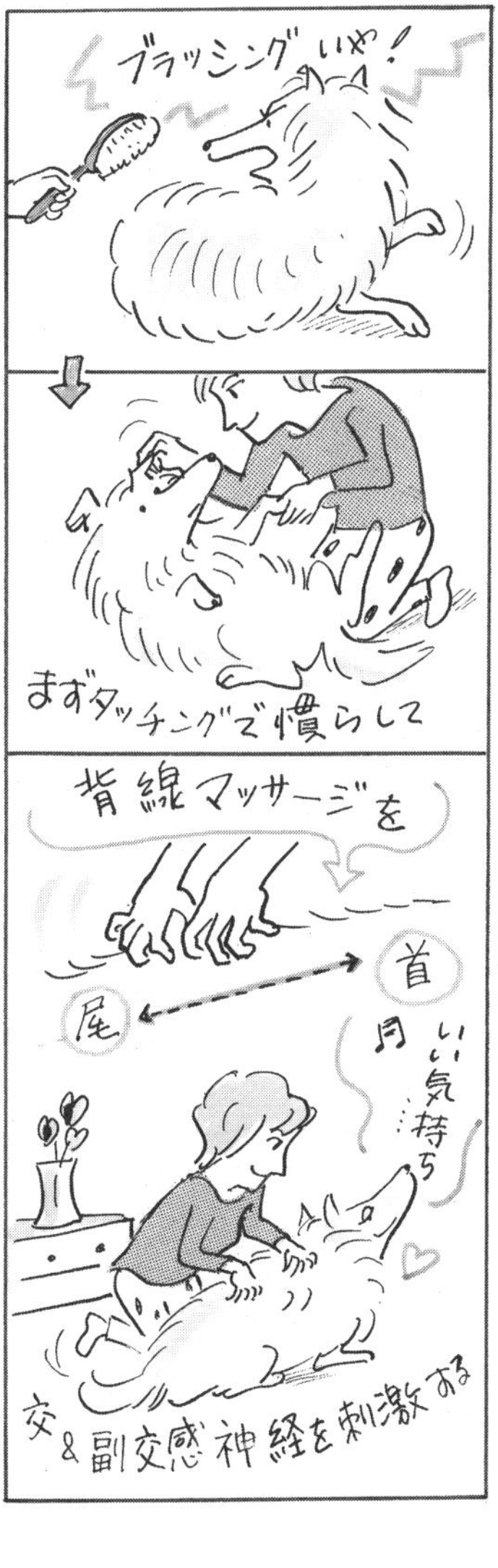
ブラッシング いや！
まずタッチングで慣らして
背線マッサージを
首
尾
いい気持ち
交＆副交感神経を刺激する

28 ソファやイスに飛び乗らなくなる"座布団作戦"

リビングのソファで寛《くつろ》いでいる飼い主の横に「ピョン」と愛犬が飛び乗ってきた。すると、飼い主さんは相好を崩して、その愛犬の頭をなでる……。一見、ほほえましい光景ですが、ここにも、知らずに愛犬をボス化させる芽が隠れています。

飼い主さんが座る場所であるソファや椅子に飛び乗るのは、犬が飼い主さんと対等の地位にあると考えているからです。

飼い主と犬との関係は「飼い主＝主」「犬＝従」というのが理想です。その関係が成り立っていてこそ、犬は飼い主に素直に従い、安心して暮らせるのです。ソファや椅子への飛び乗りを放置していては、いつまでたっても正しい関係を築くことはできません。

飛び乗りをやめさせるには、座布団を使うのが効果的です。ひもをつけた座布団をソファに乗せておくのです。犬が飛び乗ったら、ひもをさっと引く。座布団がずり落ちて、犬はバランスを崩し、床に「ドスン」ということになります。その不快感で犬は「ここには飛び乗らないほうがよさそうだ」と考えるのです。

椅子の場合だったら、椅子自体を傾けてしまうのがいいかもしれません。斜めになったら、やっぱり、犬は「ドスン」ですから、「不快→やめよう」と考えます。

どちらの方法でも、素知らぬ顔で黙ってやる、という原則は徹底しましょう。声を出すと、犬が「なんで?」と考える思考回路が働かなくなります。椅子に乗った犬に、「こらこら、そこに乗ったらだめだろ」と言葉をかけながら、椅子を傾けるといったことをすれば、だれがやっているのかが犬にはわかりますから、飼い主さんに対して「いやなことするな、こいつ」という不信感を抱きます。

何度も言うように、重要なのは犬が〝天罰〟が下された、と考えることです。それまでずっとソファや椅子に飛び乗っても「よし」とされてきたわけですから、床に落ちても何度かは、また、飛び乗るかもしれませんが、天罰は確実に効いてきます。やめるまでそれほど時間はかからないでしょう。

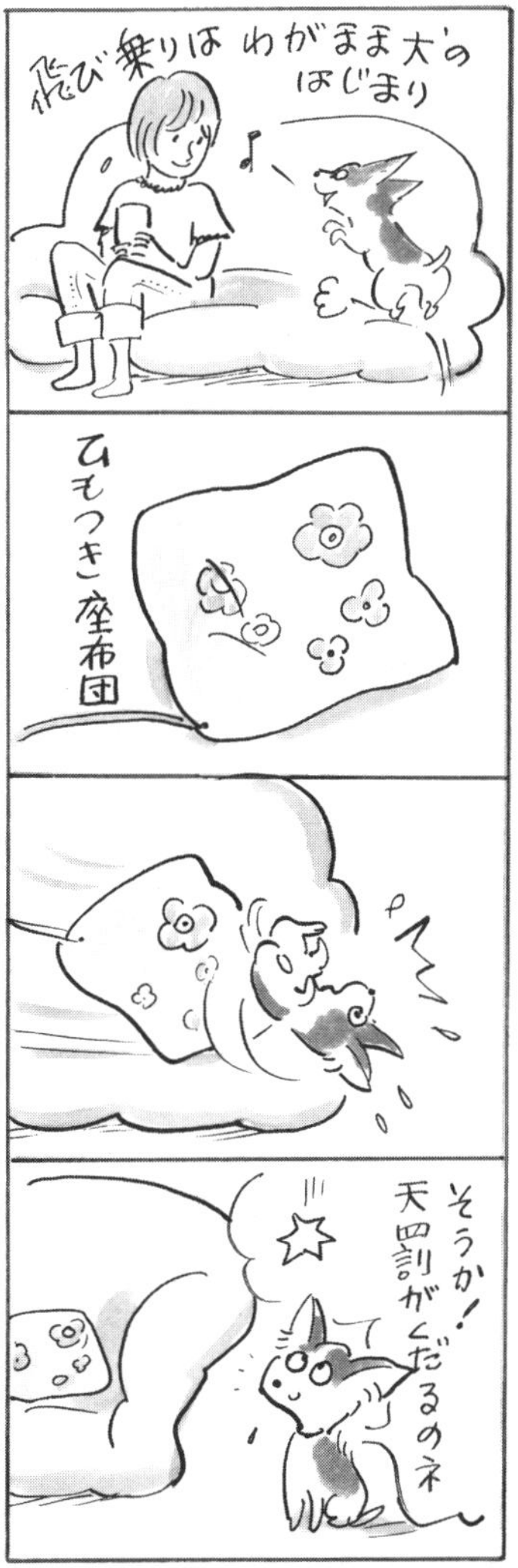
飛び乗りは わがまま犬の
はじまり
ひもつき座布団
そうか!
天罰がくだるのネ

29 この「ポジション決め」でベッドに上ってはいけないことを学習する

ソファや椅子の上にのろうとすると〝天罰〟が下る。

「なんでだろう……」などと思いながらも、犬は不快なことが好きではありません。ほどなく、ソファの下、椅子の横が、自分のいるポジションだと納得します。

この機を逃してはなりません。ソファにものらない、椅子にも上らない犬に大変身したのなら、ベッドの上も、上ってはいけないところだと教える絶好のチャンスです。

いつも一緒に寝ているという飼い主さんにとって、「いまさら寝場所を切り離さなくても……」と思われるかもしれません。たしかに、寝室までついてきて、ベッドの上に飛び乗る犬は一見、賢く見えます。犬と一緒に寝ることで、飼い主さんと犬の絆も一層深まるような気がします。

しかし、人と犬を〝同等〟に考えてはいけません。犬の社会には〝ヨコ〟の関係がありません。「上」か「下」か。どちらかの関係しか築けないのです。

そのため、飼い主さんが「上」の地位にいなければ、犬との力関係が逆転し、そのうち「ベッドからどいてくれない」から始まって、「ベッドから降ろそうとすると、うなる、かむ」などの問題行動が次々と出てくる、ということになってしまいます。

もちろん、しっかりとした主従関係がすでにできていて、ふだんから飼い主さんの指示に素直に従う犬なら問題ありませんが、そうでなければソファや椅子同様、「のらない」習慣にしたほうがいいでしょう。

ベッドの上から遠ざけるには、寝室のドアを閉めるのがいちばんの早道ですが、ドアなどの区切りがないのであれば、ベッドの上に1枚、布をかけてください。

前項と同様、犬がベッドの上に飛び乗ったら、犬の体重で布がずり落ちます。ピョンと飛び乗った犬は？　ずるっとなり、いきなりの〝天罰〟にびっくりです。

飼い主さんが犬を罰するのではなく、犬が自分で「のらない」ことを学習するこの方法、ためしてみてください。

乗らないことでは
ベットも同じ
ドアを閉めるか
つるつるの布
天罰で

30 食卓にのらなくなる習慣術

家族みんなで夕食の食卓を囲もうとするとき、そのなかの一員に犬も加わっているという飼い主さんは多いのではないでしょうか。

家族より先に椅子に座って待っている姿は一見「おりこう」そうに思えますが、家族の一員だからと、なんでも〝一緒〟では、困ったことだって起こります。

椅子にのることを覚えていますから、飼い主さんがちょっと留守をしている間に椅子にのり、テーブルに脚をかけ、テーブルの上にあるものをパクリということだってあります。

犬は食べる量を調整するということをしません。そこにあるものはある分だけペロリ、です。それが、食後に食べようと用意しておいたロールケーキ1本分だとしたら大変です。

犬には犬の食事がいちばんいいのです。最近では人と同じ生活習慣病にかかる犬も増えています。太り過ぎで困りはてる飼い主さんもいます。その原因となっているのは、人と同じものを食べているから．自由にそれを許しているからです。

とはいえ、ずっと一緒に食卓を囲んできたから、いまさらダメといっても欲しがるでしょう。そんな場合はつけっぱなしリードを活用しましょう。食事が始まる前からテーブルの足にリードをくくりつけておき、椅子に上れないようにします。何度かピョンピョンを試みると思いますが、無視します。もちろん、声もかけません。

無視したまま、どうぞ、食事を始めてください。犬は両前肢を差し伸べて、箸を持った飼い主さんの膝元へ「ちょうだい！」をしたり、吠えることもあるかもしれません。ここで一度食べ物を与えてしまうと、要求すればもらえることを学習してしまいます。

しつこく要求してきたら、リードをゆるめて真上にチョンと引いてください。全員の無視とリードコントロールで、犬はちゃんと考えます。自分の食事は自分の場所で食べればいいことを。

こうしていると….
….こうなる
リードをつけて
かまわないこと

31 たった1回の〝後ろ足コテン〟で態度がガラリと変わる驚き

飼い主さんの姿を見ると、尻尾を振って飛びついてくる。「こんなに歓迎してくれるなんて、かわいいな〜」。その気持ちはわかりますが、ちょっと待ってください。この飛びつき行動、けっして歓迎を意味しているわけではないのです。飛びつきは上位のものが下位のものに対してやる、というのが犬社会の無言のルール。「オレのほうが序列は上だぞ」ということを示す行動だ、といっていいでしょう。

この犬の勘違いを正すには、飛びつきをさせないこと。では、何をどうすれば効果的でしょうか。

飛びついてきたら、後ろ足を「ポン」と足ですくう。カラダを支えている後ろ足を払われたら、すばらしい運動神経を持っている犬だって、コテンとひっくり返ります。

飛びつくことに夢中な犬は、何をされたかわからないまま、「あれっ、こけちゃった」ということになるわけです。これが効きます。テレビの『飛び出せ！科学くん』（TBS系）という番組に出演したとき、人気お笑いコンビ「ガレッジセール」のゴリさんの〝やんちゃ犬〟を一瞬にして変えたのもこの足払いでした。

いきなり飛びついてきたので、すかさず、足をすくってコテンとひっくり返したのです。

キョトンとしていた犬は、それっきり飛びつかないようになり、さらにはわたしの横について、わたしに歩調を合わせて歩くようになったのです。

たった一回の「コテン」で、わたしばかりでなく、飼い主のゴリさんにも従属的になりました。そのあまりの変わりように、ゴリさんはじめ周囲は驚いていましたが、この方法には一回で犬に考えさせ、従属的にさせるだけの効果があるのです。

ただし、大型犬の場合は、体重もありますし、飛びついてきたときに、さっと足をすくうのは難しいかもしれません。ここは家族や友人との協力体制でのぞむのがいいでしょう。それでも難しいと思われる方は、次に紹介する〝グルッと回転法〟をやってみてください。

おれのほうが上よ
後足をはらう
あ〜びっくりした!
もうやめよう……

32

飛びつきがピタリと止まる〝クルッと回転法〟

飛びつきには別の対処法もあります。

飛びついてこようとしたら、クルッとカラダを回転させて、カラダをかわし背中を向けます。犬は飛びつく〝目標〟を失って、前足がストンと地面に落ちます。

「あれれ……？」。それでもまだ、正面に回り込んで飛びつこうとしたら、また、同じようにクルッと回転しましょう。

いくら飛びつこうとしても、いつも目標がなくなって飛びつけない。そのことがわかれば、

「こんなことをしてもしかたがない→しちゃいけないことなんだ、きっと」

と犬は考えるようになり、飛びつき行動はピタリととまるでしょう。

なお、飛びつき行動が必ずしも「いけない」というわけではありません。飼い主さんが許可を与えて、「ヨシ、オイデ」といったときだけ、それに従ってピョンと飛びついてくる、ということならなんら問題はありません。犬が飼い主さんに従うという主従関係は、しっかり築かれているわけですから……。

問題になるのは犬が〝勝手〟に飛びついてくるケース。飼い主さんが「じゃれてきてかわいい！」と感じているそのとき、犬はどんな気持ちでいると思いますか？　気持ちが高ぶっ

た興奮状態で、自分の存在をしきりにアピールしようとしているのです。はしゃいでいるように見えて、そのアピールは「オレのほうが優位にいるぞ」というアピールなのです。これは困ります。そのままにしておくと、飛びつきはやがて、「ウウウ……」という威嚇《いかく》になり、最後にはかみつきにもつながりかねないのです。

訪ねてきた来客にも飛びつくといった場合は、領域侵犯に対する威嚇と考えられます。「ここはオレの領域だぞ。勝手に入ってくるな。ここではオレに従ってもらうぞ」というアピールなのです。

Part 3

「散歩中のトラブル」がみるみる解消する５分間テクニック

散歩の様子をひと目見れば、飼い主さんと愛犬との「関係」は見抜けます。

犬にとって散歩とは群れの移動。犬が前を歩き、飼い主さんが犬に引っ張られて歩くのは、飼い主さんをリーダーと思っていない証拠です。散歩以外にも問題行動を抱えている可能性大なのです。

勝手に歩くくせ、電柱へのおしっこ、ケンカ……散歩中のトラブルを解決すると、ご近所への迷惑行為が消えるだけでなく、ほかの問題行動が解消するおまけまでついてきます。

33 首輪をイヤがる犬には〝輪っか遊び〟が効果的

「散歩に行くのがひと苦労。だって、首輪をつけるのをいやがって、つけるまで大変なんだから……」

そんな飼い主さんがいます。胴輪から首輪に変えたという場合も、最初は首輪をつけるのに悪戦苦闘といったことになりがち。ここでは犬に「首輪をつけたら、いいことがある」と考えさせるのがいちばんです。

両手で輪っかをつくって、犬の鼻先に持っていきます。これだけでは犬は動きませんから、飼い主さんはご褒美（エサ）を口にくわえてください。ご褒美に釣られて犬は両手の輪っかをくぐって、エサを食べにきます。輪っかに首を通すという第1段階がこれで終了。

何度かこの輪っか遊びをしているうちに、犬は輪っかに首を通すことに抵抗がなくなります。そこで第2段階です。今度は首輪を持った両手で輪っかをつくるようにします。犬はすでに「あの輪っかに首を入れたら、ご褒美がもらえるぞ」と理解していますから、首輪を持っていても、首を入れてくるはずです。

ご褒美を堪能しているあいだが、首輪装着のベストタイミング。パッと装着してしまえば、いやがるひまもなく装着完了となります。この間、5分もあれば十分でしょう。

ただし、それまで首輪をいやがっていたわけですから、当然、まだ首輪をつけることへの違和感はなくなっていません。慣らすことが必要です。首輪にリードをつけた状態で、しばらく自由にさせておきます。

室内を気ままに歩いているうちに、首輪とリードがついている状態に慣れてくる。違和感払拭です。そうしたら、今度は飼い主さんがリードを持たずに、室内を歩いてみましょう。犬が飼い主さんについてトコトコ歩くでしょうか？

ついて歩くようになったら、さぁ、散歩の準備は整いました。犬にはもう首輪にもリードにも抵抗感がありませんから、これからはいつだって出かけたいときに、さっと散歩に出かけられます。

34 ぐいぐい引っ張るくせがなおる"リーダーウォーク"

元気いっぱい、玄関をでたとたん、あっちへこっちへ、目まぐるしく方向転換しながらグイグイと前を歩く犬のあとから、飼い主さんはたいてい、困り顔で引きずられていきます。

小型犬ならまだ制御もしやすいでしょうが、大型犬は大変です。

犬が勝手に行き先を選択して飼い主さんを引っ張りまくるのは、「ボク（ワタシ）がボス！」と認識しているからにほかなりません。

「もう、何もたもたしてんだよ～、早くついてこいよ！」

群れのリーダーとして君臨した犬は、飼い主さんの前を我がもの顔に歩きながら、そんなふうに考えています。だから、他の群れ（犬）と出会うと、威嚇する行為をとり、「ワワン」と吠えたてることになるのです。

そこで効果的なのが「リーダーウォーク」です。

犬が思うままの方向へピューッと飛び出したら、クルッと反対方向へ歩く。また引っ張って歩こうとしたら、逆方向へクルッ。犬はここで考えます。

「あれ？　ボク（ワタシ）ってリーダーじゃなかったの？　先頭を歩けないんだけど……」

群れの先頭を歩くのはリーダーです。リーダーウォークは、犬が行こうとする方向に逆らって歩くことで、「先頭のあなた（飼い主さん）がリーダーなんだ」と学習するとっておきの方法なのです。

意外に思われるかもしれませんが、このとき〝アイコンタクト〟をしないこと。犬社会では、相手に従うために注目し服従心を示す、下位のものが上位のものにする行動だからです。目を合わせず無言でおこなうことによって、愛犬のほうがつねに飼い主さんに注目し、飼い主さんについて歩くようになるのです。

リーダーウォークのポイントはもうひとつ。引っ張る犬に近づいて、まずリードをゆるめる。そこからクルッとターンして犬の首に不快な感覚を伝える、です。引っ張りあった状態では、かえって、その抵抗に対して抵抗してしまうので、注意してください。

おれがボス！
先頭いくぞ〜
リーダーウォークで直そう
クルッと
方向転換
アレッ
先頭をいく
あなたが リーダー
なんだね‥

35 愛犬がついてくる散歩に変わる〝ワンステップストップ法〟

リードを引っ張って、好き勝手に歩く犬には、前項でお話した「リーダーウォーク」が効果絶大。しかし、思ったほどの成果が上がらないという人もなかにはいるかもしれません。そんな人は〝動かない〟リーダーウォークの「ワンステップストップ法」にトライしてみてください。

〝動かない〟わけですから、まず飼い主さんは動きません。ここでリードが張っていると、犬は強く引っぱろうとします。リードを一瞬ゆるめてから、きゅっと引きましょう。

「あれ？　散歩じゃないの？」

ここで犬の思考回路はクルクルとまわり始めます。

「飼い主は知らん顔したままだし、声もかけてこない。ときどき、首にカクンって力が加わるのって、座れってこと？」

この答えに行き着いて、飼い主さんの脇で〝静止〟した状態でお座りができたら、ここでようやく、一歩前にでます。

「やっと、お散歩に行けるゾ！」

ところが、一歩前にでたらまた首にカクン。飼い主さんはまたもや知らんぷり。これをくり返していきます。

「おとなしく、この人に従うしかないのかな……」

犬の気持ちがそう切り替わるまで〝一歩、また一歩〟を、リードコントロールだけでくり返しましょう。

散歩中の犬が、飼い主さんの脇にピタリとつき、歩みをすすめるごとに、時折飼い主さんを見上げる姿。これがまさに、飼い主さんをリーダーと信頼し、つき従うことで「守ってね」といっていることにほかなりません。

36 飼い主さんとの信頼感がアップする〝リードコントロール〟のコツ

首輪とリードは、いうならば、飼い主と犬をつなぐ〝命綱〟のようなものです。人間社会のなかで犬が暮らしていく以上、この命綱には、お互いの〝信頼感〟が凝縮されているといってもいいでしょう。

だから、「リードコントロール」が大切になってくるのです。

「リーダーウォークもやってみたけれど、なんだか、うまくいかない……」

どうしてなんだろう……という飼い主さんからの質問は多く寄せられますが、実際、わたしが指導をし、リードを引くと、初めて会った犬でもコロッと付き従います。「やってみてください」と、同じようにやってもらうと、やはり引っ張りあいになる。

ここには、リードは「引く」ものという誤解があるのかもしれません。引っ張られるから引き返す。そこに犬の考える余地はありません。権勢本能がふくらんでいれば、「何やってんだよぉ」ということにもなるのでしょう。

リードはまず、張らずに「ゆるませる」ことだと考えてください。リードの長さをやや短めに持ち、その分だけゆるませるのです。

つまり、最初はやや短めに持っていて、引っ張ったら犬に近づきゆるませるということです。はじめから長くリードを持っていると、犬が引っ張ったとき〝ゆるみ〟をつくることが難しくなります。引っ張られたまま、どこでゆるみを持たせていいのか、飼い主のほうが考えてしまうということになりますね。

散歩に出かけるときは、まずリードはやや短めに持ってください。手にグルグル巻くとコントロールしづらいので、リードは折りたたんで手のひらのなかに。犬が引いたらそれを離し、ゆるめるのです。そして、引っ張った犬に近づいて、チョンと引きます。

もうひとつのポイントは、リードを「引く」のは〝うしろ〟へという認識があると思いますが、「真上に」を徹底してみてください。リードをゆるませた分、その余裕はありますよね。家でも外でも、リードは〝真上〟にチョン。試してみてください。

リーダーウォークは
引っぱりあいに
なりがち
リードは短かめ
ゆるみの余裕を
前へ出たら
ゆるませて
近づいてから
真上にチョン!

37 マーキングしたがる犬にはクルッと方向転換を

散歩に出かけて犬が最初にすることは？　そう、マーキングですね。

家をでたとたん、電柱にまっしぐら、という犬もいます。

マーキングは、自分の領域を示す行為です。これは犬の本能のひとつである「権勢本能」によるもの。この意識が強い犬ほど、高い位置にオシッコをジャ～、あっちこっちにジャ～。オシッコもでないのに、脚を高く上げてマーキングをします。

散歩にでたときの楽しみのひとつだから仕方ないと思っていたら大間違い。

権勢本能は、リーダーである飼い主に対する「服従本能」をしぼませてしまう〝大元〟なのです。あちこちに突進してマーキングをしている犬は、こんなふうに考えています。

「ほら～、ここがボク（ワタシ）の領域だってこと、ほかの犬に知らせなきゃいけないんだから、早くついてきてよ！　なぁに、引っ張ってんの？」

群れのリーダーよろしく、犬は飼い主を〝引き連れて〟マーキングに余念がないというわけです。服従本能は日々に薄れ、権勢本能はますますふくらむばかり……。こんなことになったら大変です。

飼い主さんはだれもが、犬を〝いいコ〟に育てたいと思っています。でも、権勢本能がふくらんでしまうと、「ねえ、お願いだから……」と祈る気持ちになるほど、飼い主さんのいうことをきいてくれない犬に育ってしまいます。

それればかりではありません。群れを率いるリーダーとして育つと、犬はいつも安心した状態を得られません。つねに神経を張りつめ、ピリピリ。毎日がストレスの連続です。〝いいコ〟とも〝幸せな毎日〟とも、ほど遠い生活をしなければならないのです。

マーキングで引っ張る犬には、やはりリーダーウォーク。引っ張ったら近づいてリードをゆるめ、クルッと方向転換です。引っ張られたまま、綱引き状態にならないこと。このリードコントロールをまずマスターしてください。

38 「もうひとつのマーキング」をやめさせる習慣術

マーキングで多くの飼い主さんが思い違いをしているのが、散歩=排泄だと考えていることです。だから、マーキングにもつい、寛大になってしまう。

「えっ、そうなんですか？　散歩に出かけて排泄するのはあたり前だと思ってた……」

そういう人は多いと思います。でも、違うのですよ。

散歩はそもそも、犬の健康のため、運動としておこなうのが正しいあり方です。家のトイレでオシッコもウンチもちゃんとすませて出かける。マーキングをさせないためには、「おうち排泄」は大切な習慣です。

家での排泄習慣をしつけるのは、飼い主の役目です。といっても、難しいことは何もありません。人間と同じと考えればいいのです。朝起きたらトイレへ行く、ごはんを食べたらウンチがしたい。犬だってこのリズムで生きています。

「家の庭でウンチをしてから散歩に出かけるのですが、必ずといっていいほど、散歩途中でまたウンチ。それもやわらかいウンチをするのですが……」

という相談が以前ありました。

散歩途中で2度目のウンチをするのは、これもマーキングが原因です。この場合のウンチは腸内蓄便と呼ばれるもので、やわらかいのが特徴です。地面の臭いをかぎたいだけかがせていると、いろんな〝お印〟が犬の鼻に届きます。

「だれかここでウンチをしたなっ。ボク（ワタシ）もしとこっと」

便も立派なマーキングです。とくに便をしたあとは、後ろ脚でシュッシュッと、地面をかく動作をする犬がいますが、これは「ここにマーキングしたゾ」という印。犬同士にはそこが、互いに権勢しあう場となるのです。

犬は地面の臭いをかぎながらその〝場〟を探していますから、やはりここでも、リードでコントロール。ゆるませたリードを真上にチョンと引く、です。頑固に地面の臭いをかぐようなら、リーダーウォークで対応してください。

39

クンクン地面のニオイをかぐくせに効く〝つま先シュッ〟作戦

服従本能をしぼませてしまうマーキングは野放しにしないこと。もちろん、犬にとって権勢本能は、持って生まれた〝本能〟ですから、まったく消し去れるものではありません。

「マーキングさせないのはかわいそう」と考える飼い主さんは多いと思います。わかります。ならば、こうしてみてはいかがでしょう。散歩ルートのA地点からB地点まではマーキングをさせない距離と決め、広いところにでたら少し自由にさせ、地面の臭いをかいでいい場所とするのです。

その場所に到達するまでは、マーキングしやすい場所を避けて歩けばいいのです。電柱にはいろんな犬の臭いがついていますから、ここを避けて歩いてみましょう。

「あれれ？　いつも臭いをかぐ場所が、遠いなあ～」

犬は横目でその場所を見るかもしれません。名残り惜しそうに振り返ることもあるでしょうが、飼い主はまっすぐ前を見て、リードでチョンとコントロールして歩きます。

「ああ、過ぎちゃった。でも、次の場所があるもんね～。あれ？　ここも素通り？」

こうしてひとつ、またひとつと、マーキングをする場所をつぶしていくのです。そうすると、犬もいつもと違う散歩のスタイルに気づき始めます。

「きょうはいろんな臭いがかげないけど、なんか、気持ちが落ち着いていられる……」

それでも電柱に突進していくようなら、臭いをかごうとした瞬間、鼻先と地面の間につま先をサッと滑り込ませます。

犬は一瞬、びっくりして顔を上げますから、飼い主さんは知らん顔をしてその場から離れるように、リードをコントロール。何回かこの〝つま先シュッ〟作戦をくり返していくうち、この「いや〜な感じ……」を避けるようになっていきます。

くり返すうちに、臭いをかいで歩けないことを学習し、飼い主さんについて歩くことが楽しくなるはずです。

マーキングの場所はさけて歩こう
アレッ
しつこい時は…
つま先作戦で

40 もう「拾い食い」をしなくなる3つのステップ

犬の拾い食いに悩む飼い主さんは少なくありません。

道に落ちているお菓子や食パンをパクリ。食べ物だけでなく、タバコの吸殻《すいがら》やビニール袋の切れはしを飲みこみそうになることもあり、大変危険です。

ここで質問です。拾い食いは犬が食いしん坊だからなのでしょうか？

犬はたしかに食いしん坊です。でも、拾い食いをさせているのは、ほかでもない飼い主さんだということを、まず認識してください。

散歩中は何が起こるかわかりません。犬がピョイと横にずれたとたん、後ろから自転車が走ってきてあわや……といった場面を経験したことのある飼い主さんも多いかもしれませんが、それと拾い食いは同じです。散歩中は〝何かが起こる〟ことを想定しておくこと。リードコントロールが大切だというのは、そういった意味でもあるのです。

拾い食いをやめさせる、5分もあればなおる、とっておきの方法をご紹介しましょう。

①まず、犬が大好きなおやつを投げます。

②「あっ、おやつだ」と、犬はそこへ飛んでいきます。リードをしっかり持ち、絶対におやつに到達できないよう飛び出させてください。

③投げたおやつは飼い主が拾い、そうして手から食べさせるのです。

落ちているものは勝手に食べてはいけない。食べるものは飼い主から手渡されるもの、ということをインプットさせるのが、この3段方式です。このプロセスを何回かくり返すと、犬の思考回路はクルクルとまわり出します。

「そっかそっか、落ちているものを食べなくても、食べ物は飼い主さんの〝手〟から渡されるんだね。わかったよ」

犬の学習能力はすごい。トライしてみれば、5分で変わることが実感できるはずです。

41 散歩嫌いには〝外エサ〟方式で

散歩に出ようとすると、地面に這《は》いつくばって動こうとしなかったり、いったんは散歩に出かけたものの、途中でドテッと動かなくなってしまったり……。うずくまった犬のリードを必死で引っ張り上げて、「ほら、行くよ。ねぇ、ちょっと、動いてよぉ！」なんてやっている飼い主さんの姿をけっこう見かけませんか。

飼い主さんの意に反して動かないのは明らかに非服従行動です。犬は「逆らってやろう」と考えているわけですから、無理やりリードを引っ張るなど、力で対抗したら、対立関係が深まるだけです。

こんなケースでトライして欲しいのが〝外エサ〟方式です。文字どおり、家のなかではエサを与えず、散歩で外に出たときにエサを与える、というのがこれ。散歩に出るさいに半食分のドッグフードを持っていきます。

動かない犬もドッグフードを与えればついてきます。散歩中、止まりそうになったら、ちょっとエサを与える。これをくり返していけば、地面に這いつくばってしまってどうしようもない、という状況にはなりません。

半食分のドッグフードを全部食べ終わったら帰る、という感じで一回に与える量を加減するといいでしょう。そして、家に戻ったら残りの半食分を食べさせるのです。すると、犬にとって散歩のイメージがガラリと変わります。

「外に出てご主人と一緒に歩いていると、ごはんがもらえるんだな。素直についていくのも悪くないぞ。外に出るのが楽しみになってきた！」

犬の頭はこんな考えでいっぱいになります。しかも、家に戻ったら、また、ごはんがもらえる。散歩に関するトラブルでは、家に入るときに抵抗して動かない、という犬がいますが、この方式なら、家にも「いいことが待っている」わけですから、そんな問題も起こりません。

「散歩が悩み」という飼い主さん、早速、試してみてください。

散歩きらい
外エサ方式で直そう
家ではエサなし
散歩のとき
ドッグフード 1/2
止まりそうになったら
残り 1/2 は帰ってから
外に出るのも楽しいかも

42 「あなたについていきたい！」気持ちにさせる技術

犬が散歩に行きたがらない、という悩みは少なくないようです。原因は大きく分けて2つ。ひとつは生後4カ月くらいまでのあいだ、犬を室内から出さないケースが多いことです。ペットショップや動物病院などでは、ワクチン接種が終わるまでの4カ月間くらいは、なるべく外に出さないようにとの指導をおこなっています。それを頑《かたく》なに守っているというわけですね。

しかし、1カ月から3カ月くらいは子犬が社会に馴れる大切な時期なのです。環境に対する順応性が高いこの時期に、外の環境に触れさせ、人ともかかわらせることが重要なのに、それをしていないため、外の環境を受け入れられなくなり、散歩に出るのが怖くなってしまうのです。

もうひとつは、飼い主に対する非服従です。「あんたになんか、ついていかないよ。いうことなんかきくもんか」という思いが、散歩に行かないという非服従行動として、あらわれているわけです。もちろん、両者が入り交じっていることも少なくありません。

社会環境に馴らすには、外に連れ出すしかありません。子犬ならキャリーに入れて、家の周辺や公園などに積極的に出かけましょう。最初は抱っこして外に出るということから始めてもいいですね。

非服従行動が前面に出ているケースでは、〝犬友だち〟に協力してもらうのが最良の手段。犬を通して親しくしているご近所の人や友人に一役買ってもらうのです。自分の犬のリードをその人に預け、飼い主さんはその人の犬のリードを持って歩きます。

よその犬を従えて歩いているご主人の姿を見て、犬はこんなふうに考えます。

「あれっ、ママ（パパ）がほかの犬を引き連れている。すごい、リーダーじゃない！」

リーダーと認めたら、非服従行動はすぐなくなります。リーダーには絶対服従がＤＮＡに刷り込まれた犬の掟だからです。その後は、いつ散歩に出ても、飼い主さんにつき従って歩くようになります。

43 お出かけ前の興奮は、リードでみるみるクールダウン

犬のそもそもの習性から考えると、散歩は〝狩り〟。領域を出て群れで移動し、獲物を獲る行為です。もちろん、家族の一員として飼われている犬は、家でごはんを食べているわけですから、狩りなどする必要はありません。犬にとって散歩はあくまで、楽しいお出かけなのですが、ＤＮＡにはしっかりとオオカミの先祖の血を継承しています。だから、飼い主さんがリードを持つなり、興奮状態になるのです。

「さぁ、さぁ、狩りに行こうよ。早くリード、つけてよ〜！」

犬は領域から出ることに、しっぽをめいっぱい振りながら興奮しています。

「そんなにバタバタしていたら、リードがつけられないじゃない。ちょっとぉ、少し落ち着いてよ」

ほとんどの人がそんなふうに言葉をかけているかもしれません。でも、これは逆効果。犬の興奮に声援を送り、煽《あお》っていることにほかならないからです。散歩の前にこんな儀式が毎日くり返されているとしたら、外に出たとたん、ピューッとリードを引っ張って飼い主の前を歩くことになります。そうではありませんか？

飼い主さんがリードを持つと、それが散歩のサインと、犬は認識しています。とたんに興

奮状態になりますが、いっさい無視してください。リードは持ったまま、です。

「なんだよぉ、散歩に行くんじゃないの？　なんで？　リード持っているのに……」

肩すかしをくった犬はしだいにクールダウンしていきます。声を出すと興奮しますので、いっさい言葉をかけてはいけません。犬が静止していられるのを見計らって、ここで初めて「スワレ」と声をかけ、リード（首輪）をつけるのです。

ここでまた、興奮するようなら、再びリードを持ったまま無視。このやりとりをくり返すと、犬はしだいに考え始めます。

「おとなしく座っていれば、散歩に連れて行ってもらえるんだな、そっか」

この記憶がインプットされれば、散歩前の興奮はあっという間におさまります。

44 「リードをかんで首をふりふり」はこれでストップ

散歩に出かけると、うれしそうに、リードをかんで首をふりふりしながら歩く。そんな愛犬の姿を「かわいい！」と思うかもしれませんが、じつは、この行為は優位性・支配性の行動。つまり、

「アンタになんかリードを引っ張られて散歩に行きたくないんだ、離せよ！」

という行為にほかならないからです。こういうと、多くの飼い主さんは驚きます。

うれしそうに遊んでいるみたいに見えるかもしれません。しかし、おもちゃとじゃれているのと同じレベルで、子犬の頃からその行為を見てきたのだとしたら、大間違い。

おもちゃとリードは、はっきり別のものでなくてはなりません。支配（飼い主）と非支配（犬）を分つものですから、犬に〝支配〟のリードを好きなようにさせてはいけないのです。

〝リードふりふり〟を許していると、犬の権勢症候群（犬がボス化する行動）への道をまっしぐらです。

犬がリードをかんで首をふりふりしたら、リードを真上に〝グイッ〟と引き上げてください。ポイントは〝一気〟に引き上げること。

この〝グイッと一気〟に、飼い主側に躊躇《ちゅうちょ》があると、なかなかうまくいかないかもしれ

ませんが、犬は首に違和感を感じてリードを離しますから、その状態になるまでつづけてください。

このさいも、犬は権勢本能を満開にしているわけですから、すべきことは？　そう、声がけはいっさいストップ。知らん顔をしておこなうのがコツです。

もうひとつ、リードを吐きださせる方法があります。それは鼻先を、リードでグルッと巻くというのがそれ。マズルコントロール（50ページ）に通じる方法ですが、犬が興奮している状態なら、やはり、真上に〝グイッと一気〟からトライしましょう。

散歩の時に
リードをかんで首ふりふりは……
かわいい
ボス化への道
真上にグイ！で直そう

45

「胴輪」をやめるだけで、しつけはうまくいく

街中を散歩する犬を見ていると、胴輪をつけている犬が、とくに小型犬に多いことに気づきます。

首輪にするか、胴輪を選ぶか。考えた結果、飼い主さんが胴輪をチョイスするのは、きっとこんな理由ではないでしょうか。

「小型犬って首が細いでしょ、のどを締めつけちゃうんじゃないかって」

「うちはパグだから首が短くて……」

それが「かわいそうで……」というわけです。でも、これが大間違い。胴輪は引っ張る犬にしてしまう道具なのですよ、じつは。

その〝原理〟は「犬ぞり」を見ればあきらかです。犬ぞりは、犬の胴体にハーネスをつけ、ロープでコントロールして前進します。ロープを引っ張ることで抵抗が生まれ、犬はその抵抗で前進することを学習しています。引っ張られたら前進する。胴輪はまさに、この原理そのものなのです。

小型犬ですから、そこまでの力強さを感じることは少ないと思いますが、〝引っ張るわがコ〟を認識しているなら、この原理がはたらいていると考えていいのです。

「でも、首輪に替えるととたんに、ゲホッてするんです……」

そんな相談を受けたことがありますが、健康面に問題がなければ、首輪が苦しいわけではありません。母犬は子犬の首をくわえてしつけます。首をコントロールすることは、犬の習性からいっても理にかなっているのです。

また、犬はとても賢い。ここを忘れてはいけません。ゲホッとすると、引っ張りやすい胴輪にしてもらえることを、犬はちゃんと知っています。

「苦しかったんだね、大丈夫？」

そんな声をかけられ、飼い主の注目を浴びることも、しっかり学習しているのです。

胴輪を首輪に替える。それだけで、犬はしつけしやすく変わります。

胴輪にすると….
あれ、こっちの方がラクだなァ…
しっかり首輪で散歩しよう

46 賢い犬に変わる「首輪&リード」選び

胴輪をつけた「犬ぞり散歩」がいけないというのには、もうひとつ理由があります。胴輪は装着をしっかりしていないと〝スポン〟と、犬の体から抜けてしまう危険が高いということです。ここでも、犬は賢い、ということを忘れてはいけません。

「この前、偶然だけど、引っ張りっこしてたら、胴輪がハズレちゃったんだよね。今度はハズしてみようかな～」

もちろん、これは首輪でも起こりえることです。首を締めつけるから「かわいそう」でゆるくつけていると、引っ張りあったときに抜けないという保証はありません。ハズレた経験のある犬は、その〝ゆるみ〟の分だけ、飼い主さんを「チョロい」と考えてしまいます。

なぜだかは、もうおわかりですね。飼い主さんがリードを引くのは、リーダーとしてのサインです。首輪がゆるゆるでは、そのサインをきちんと伝えることができません。

「そのくらいの制止じゃ、な～んも、伝わんないよ！　やっぱり、ボク（ワタシ）がリーダーだってことだね」

首輪は指が1本入るくらい。この程度が制止の〝グイッ〟が伝わる装着の〝ゆるみ〟の目安と考えてください。

そして、首輪選びにもポイントがあります。「タイムロス」と「予告音」のないものを選ぶというのがそれ。

チョークタイプのものははずれにくいという利点はありますが、〝グイッ〟が伝わるまで多少のタイムロスがあります。チェーンタイプのものは、予告音がする。とくにこまかなチェーンのものはタイムロスもあり、毛がすり切れてしまうという難点もあります。

多くの小型犬はバックルタイプ、ジョイント式のものを使用しているかと思いますが、この場合は、〝指1本〟が入る程度に調整してください。ただし、リードに金具がついていて、ジャラジャラと音を立てるものは予告音になりますから、セレクトからはずすのがいいと思います。

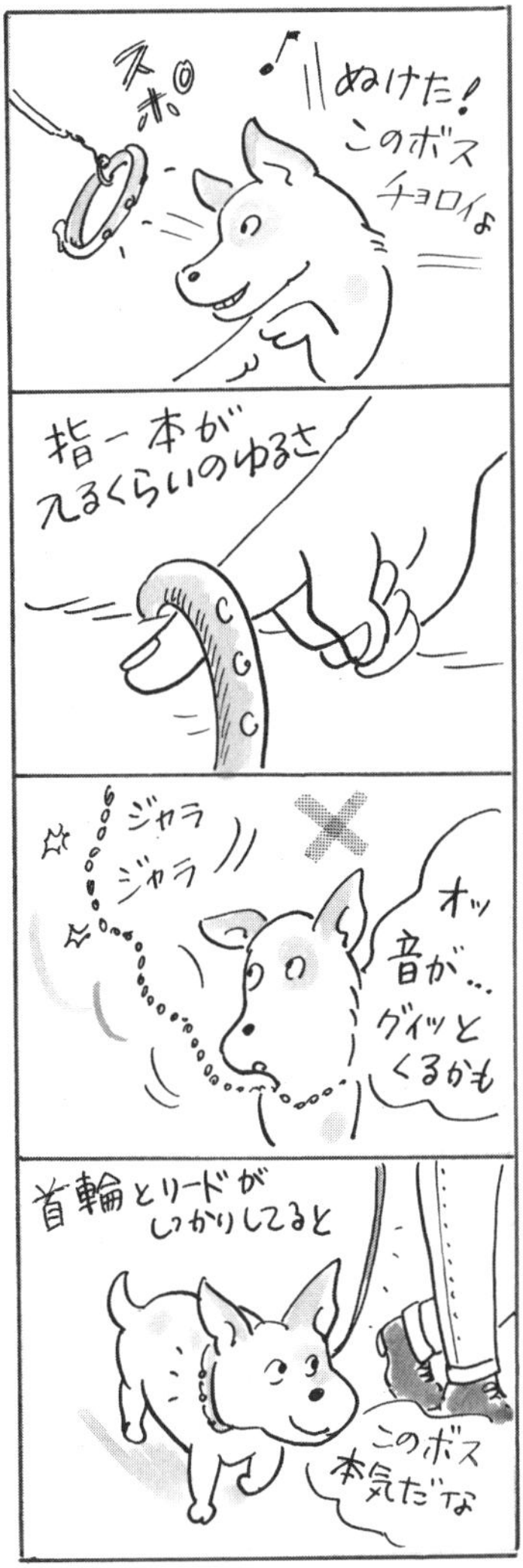

47 「追いかけ」は犬種を考えると予防できる

散歩中、自転車がヨコをすり抜けていくと、追いかけていこうとする場合があります。

走るものを追いかけようとするのは、犬の習性です。「狩り」が犬のＤＮＡにはしっかりと刻まれていますから、

「なんだなんだ、走っていって獲《と》ってこなくちゃ！」

というわけです。もちろん、これを許してはおけません。急にピューッと走り出せば危険なことはいっぱい。後ろから走ってきた車と、あわや、ということだってある。とくに、動くものに攻撃的な性質を持っているのが、ジャック・ラッセル・テリア。馬にもついていける脚力を持っているといわれる犬種ですから、〝追いかける〟ようになったら要注意。しっかりリードを引いて対応しましょう。

運動能力にすぐれているボーダーコリーも、犬種別でいえば、シュッとリードを引きやすいタイプといえます。牧羊犬としてはたらき、非常に敏捷。フリスビーを颯爽《さっそう》と追いかけてキャッチする姿は、よく知られるところです。

アイリッシュ・セッターやポインターと呼ばれる犬種は、鳥を追うのが仕事です。散歩途中で鳥がバタバタと飛んでいる姿を見つけるや、これもまたピューッと行ってしまう可能性

が高い……。

飼い主さんのなかには、犬種別の「性質」をよく知らずに飼い始めるという人は、少なくありません。その結果、手におえなくなってしまい、お互いがストレスを抱えたままの生活をせざるを得なくなる。そんな愛犬との生活が楽しいはずはありませんね。

子犬の頃（1～3か月＝社会化期）のしつけは、とても大切です。いろんな人や動物に会わせ、どんな場所へも出かけていき、さまざまな音を聞かせる。グルーミングや動物病院へ行くことも、大切な体験です。

もちろん、社会化期を過ぎてしまっても大丈夫。毅然とした飼い主さんのリーダーウォークが、犬に考える力を呼び起こさせます。

48 「呼んだら走り寄って来る」関係になる2大原則

ふだんの散歩ではリードをしっかりつけ、犬は放さないのが鉄則です。しかし、たまには愛犬を自由に走り回らせてあげたい。そんな愛犬家たちに人気なのがドッグランです。

そのドッグランでよく聞かれる悩みが、犬を呼んでも来ないこと。

離れたところにいる犬に「オイデ」としきりに呼びかけているのに、犬のほうはまったく知らんぷりで来る気配もない。あるいは、名前を呼んで捕まえようとして、追いかけっこになってしまったりもします。

もちろん、耳がいい犬には飼い主さんの声が届いているのですが、それに従おうという気持ちがないわけです。

「オレのほうが偉いのに、なに、呼びつけてるんだ。行くわけないだろ」

完全に主従関係の逆転です。それをリセットしないかぎり、犬は飼い主さんの声に従うようにはなりません。原点に戻りましょう。「3大しつけ」、すなわち「ホールドスティル&マズルコントロール」「リーダーウォーク」「タッチング」に取り組んでください。

毎日、5分の3大しつけをおこなうのと同時に、必ず、守って欲しいのが〝呼ばない〟〝見ない〟の原則です。これまでの犬とのつきあいを振り返ってみてください。「〇〇（名前）

ちゃん」「さぁ、ごはんよ」「お散歩行こうか？」……などなど、何かにつけて名前を呼んだり、話しかけたりしていたのではありませんか？

飼い主さんは犬といい関係をつくるコミュニケーション、と考えているのだと思いますが、それが完全に裏目に出ているのです。

相手に注目し、声をかけるのは、犬の世界では下位のものが上位のものにする行動。従属的な対応としか映らないからです。

犬にとって頼れるリーダーらしく、犬を見ない、犬に呼びかけない、ということを徹底して、３大しつけに取り組む。主従関係のリセットの決め手がそこにあります。リセットされたら、「マテ」や「オイデ」を教えるのはたやすいことです。

49 「出会う犬や人にケンカ腰」に効果的な事前対策

散歩途中で、出会う犬にうなるというのは、あきらかなボス化現象ですから、やらせてはいけないことです。ボスが他の群れを威嚇している行為だからです。

とくに対象となりやすいのは、小さな子どもかもしれません。いちばんの弱者だということを、犬は知っています。

子どもは「かわいい！」と無防備に近づいてきますが、その弱者にうなるなら、犬を制止する以前に、絶対に近づけてはいけません。

暮らす環境でも違うと思いますが、ご近所さんとは違う人が多く歩く地域では、犬の緊張は高まっていると考えてください。

愛犬が知っている人かと思って近づいていったらまったく別の人……。臆病だったり、権勢本能が高まった状態なら、ここで「ウ～」です。

「散歩には連れて行ってあげたいのだけれど、通らなければならないルートに大型犬がいて、いつも吠えまくっている」という場合、楽しい散歩が〝ボス〟であるがゆえにストレスになってしまっているというわけです。ここはやはり、リーダーウォーク（84ページ）しかありません。

極力、吠えまくる犬のそばを通らないこと。ほんの少し、歩くルートを遠くへ寄せるだけでも、犬は安心します。

そして、ここでいちばん大切なのが、言葉をいっさいかけないということ。

「静かにしなさい、吠えちゃダメっていってるでしょ！」

叱りつける行動は、飼い主さんにはその場を終息する正当な行動にみえますが、犬にとっては逆。「もっとうなっていいんだよ」というサインにほかなりません。

黙って黙って、ただリーダーウォーク。ときどきワンステップストップ法（86ページ）を織り交ぜましょう。

50

子どものお菓子を奪うくせが消える〝階段ウォーキング〟

犬は自分の〝位置〟をどこにおくか、絶えず意識しています。

「家族のなかで、いちばんチョロいのは、だれだ？」

そう考えています。たいてい、その対象となるのは小さな子ども。

「こいつは遊び相手だな。おいおい、何持ってんだよ～、お菓子じゃないか、ボク（ワタシ）にもくれよ～」

子どもが持っているお菓子やおもちゃをとってしまうと、あるテレビ番組に相談を寄せたお宅にお邪魔したことがあります。

子どもはまだ1歳半の男の子です。犬は彼が生まれる前から、家族として暮らしてきたのでしょう。あとからやってきたのは小さな子どもです。

「オレのほうが先にここで暮らしていたんだぞ。最下位の位置にいるのはオマエなんだ！」

犬は勝手に順位づけをしているわけです。ここでわたしがとったのは、家族一緒の〝群れ移動〟です。先頭にはお母さんとバギーに乗った子どもに歩いてもらいます。お父さんと犬はその後ろ。群れを率いるのはリーダーですから、犬はその位置へ行きたがります。

「お～い、チビッコ。オマエがいるところはそこじゃないだろっ！」

そういわんばかりに前へ前へと、リードを引っ張る犬には、しっかりとお父さんにリードコントロールをしてもらいました。

しばらく歩くと、公園に行き着き、大きな段差があったので、お母さんと子どもには上の位置に、お父さんと犬には下の位置にいてもらいました。

この立ち位置で犬は考えたのでしょう。

「ボクは、あのチビッコより下の位置にいるべきってこと？　ふ～ん、ま、いいか」

その後、子どもからおもちゃやお菓子をとることはなくなったそうです。

この、あっという間の逆転劇が成功したのは、犬の本能によるもの。リーダーにつき従い、それが安心する地位であれば、犬は、すぐに納得するのです。

51 2頭が別々の方向へ行きたがるときの散歩法

2頭の犬にあらぬ方向に引っ張られて右往左往！　散歩ではよく見られる光景です。飼い主さんが2本のリードを束ねてはいるものの、犬は勝手気ままに「オレはこっちに行くぞ」「わたしはこっちよ」という具合で収拾がつかなくなる。まさに、〝飼い主さん、板挟み〟状態です。

犬同士の優先順位がはっきりしていても、飼い主さんとの主従関係が逆転していると、しばしばこうしたことになります。しかも、飼い主さんにはこんな思いがある。

「ふだん狭い家のなかにいるのだから、外に出たときくらい自由にさせてやろう」

そこで、臭いをかぎにあっちこっちに行ったり、マーキングして立ち止まったりするのを放置することにもなるわけです。これではまるで、犬を散歩させているのではなく、飼い主さんが犬の散歩のお伴をしている、という構図です。

散歩はつねに飼い主さんの主導のもとにおこなうのが原則でしたね。早急に主従関係を立て直す必要あります。

そう、リーダーウォーク（84ページ）です。逆転している主従関係をたった5分で正しい関係に変えてしまうリーダーウォークに、すぐにも取り組みましょう。ポイントは必ず1頭ずつおこなうことです。

1頭は家に残し（ハウスに入れましょう）、家の周辺でかまいませんから1頭を連れ出してリーダーウォークをする。ちゃんとついて歩くのを確認したら、今度は残した犬とリーダーウォークです。

リーダーウォークで1頭ずつと主従関係ができたら、2頭同時に散歩に出ても、もう、勝手気ままに歩き回ることはありません。それぞれがリーダーと認めている飼い主さんに従うからです。

犬の頭数がいくら増えても同じ。すべての犬が「リーダーについて行こう」と考えていれば、混乱など起きようがないのです。

52 性格が違うワンコ同士「いっしょに散歩」できるワザ

犬の気性、性格は犬種によって違いますし、もちろん、個体差もあります。多頭飼いではその違いに悩まされることもありそうです。

実際、こんなケースがありました。パグを飼っていた家にチワワがやってきた。先輩のパグは散歩のとき首輪をつけられるのをいやがる傾向があったのですが、後輩チワワは首輪もリードもいやがりません。

そこで、飼い主さんはパグを家に残し、手のかからないチワワを先に散歩に連れて行くようにしました。ところが、チワワの散歩を終え、なんとか首輪をつけて、パグを散歩に連れ出すと、リードをかんで振り回すようになったのです。

優先順位という点からいえば、まず、パグの散歩を優先させるのがいい、ということになりますが、一緒に散歩する方法はあります。

首輪の問題は「輪っか遊び」（82ページ参照）でラクラク解決します。しかし、リードをかんで振り回すのをなんとかしないと、一緒に散歩には行けません。これも難しくはありません。

リードをかんでいる状態からリードを真上に「チョン」と引き上げます。引き上げるさいリードがゆるんでいることを確認してください。手首のスナップをきかせるつもりで一気に引き上げるのがコツです。

躊躇しないで一気に引き上げるから、一瞬でリードが口から離れる。それで、犬は何が起きたかわからないまま、不快だけを感じることになります。

「なんだか知らないけど、いやな感じだなぁ」

そう考えるのが大事。数回のチョンで「もう、リードをかむのはやめよう」ということになるはずです。さぁ、これで問題解決。一緒に散歩に出かけてください。犬同士の〝順位づけ〟も大切（１５６ページ）。まず、先輩のパグに首輪とリードをつけて、そのあと後輩チワワの散歩準備をする。この順番はきちんと守るようにしましょう。

Part 4

「トイレ」「留守番」「いたずら」がみるみる解消する5分間テクニック

トイレを覚えない、留守番ができない、部屋の中をあらす、かじる……。

こんな悩みも、犬の本能や習性を知ればカンタン解決。

犬はなぜ、そんな困った行動をするのか。原因にあわせた効率的な対処テクを教えましょう。

53 トイレの場所は“教える”よりも“スペース移動”が効果的

「ああ〜、またこんなところでしちゃって……。トイレはこっちだっていってるのに、ホント、困ったなあ」

こんなふうに、いつまでたっても愛犬がトイレを覚えないと嘆く人は多いようです。トイレでない場所にオシッコをしている瞬間に、「コラッ!」なんて怒ってしまうことも……。

犬がなかなかトイレを覚えない理由、何だと思いますか？　それは犬が理解できる方法でトイレをしつけていないからなのです。

犬には「ここだよ」とトイレの場所を教えるより“管理”が効果的です。

室内で、放し飼いにしていませんか？　トイレをなかなか覚えない理由はここにあります。室内で好きなように歩き回っていると、利尿作用はいつ起こってもおかしくありません。

「あっ、オシッコしたくなっちゃった。クンクン、ここでいいっか」

これではいつまでたってもトイレ上手にはなってくれません。

飼い主さんにやってほしいのは、犬の居場所を決めておくことです。それがハウス。通常はハウスに入れておいて、ハウスから出し、トイレスペース（サークル）に移動させる。これだけです。

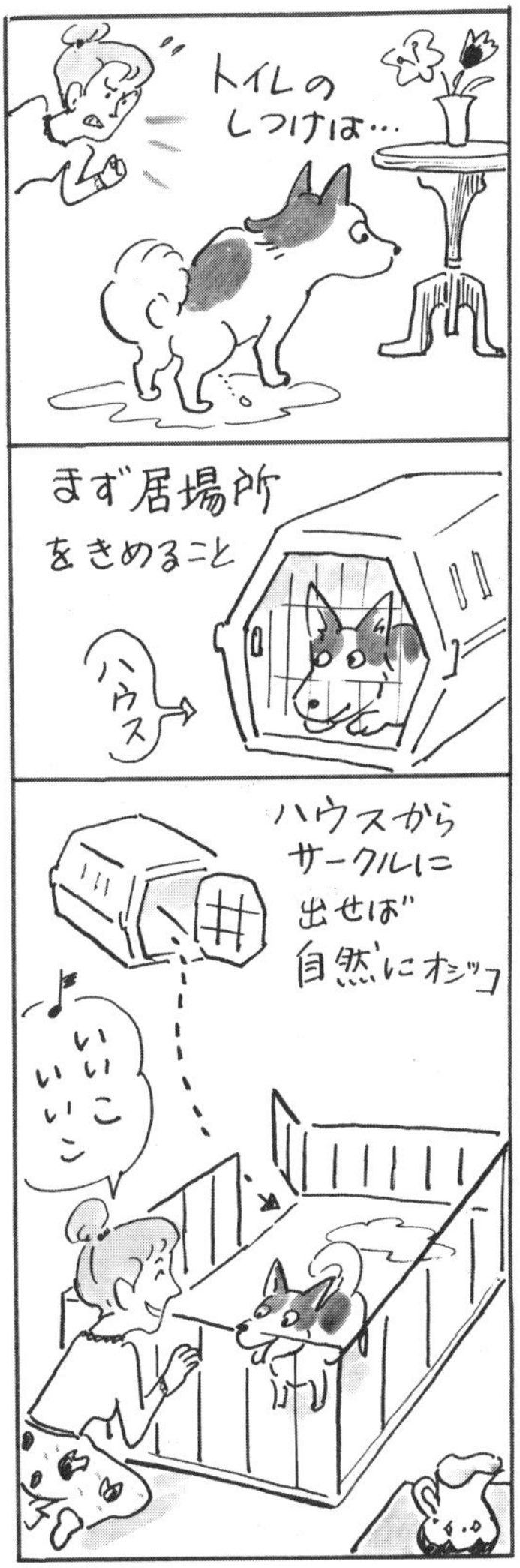
トイレの
しつけは…
まず居場所
をきめること
ハウス
ハウスから
サークルに
出せば
自然にオシッコ
いいこ
いいこ

トイレサークルは少し広めにしておきます。ハウスから出して、そこへ移動したら、そのなかで少し動き回りますから、そうしたら排泄作用も、当然起こってくる。オシッコもウンチも〝そこ〟でできたら、

「よくできたね、いいコいいコ！」

と、大げさでなくていいので、ほめてあげましょう。いつもはオシッコをすると怒られていたわけですから、この場合のほめ言葉は、効果的です。ハウスからサークルへ、できたらほめる。トイレが上手にできない犬も、これで大変身です。

54 トイレ上手に変わる〝タイミング〟のつかみ方

トイレは飼い主さんが管理をしてしつける。これがトイレ上手な犬に育てる絶対条件です。けっして強く叱ったり、お尻をたたいたりしてはいけません。

犬は何度も叱られていると、「ここでしてはいけない」と考えるのではなく、「オシッコすることがいけない」と、思い込む可能性があります。

そうなったら犬は、室内でのトイレを我慢したり、散歩に出かけるとさかんに片脚をあげて思う存分、ということにだってなる。マーキングが飼い主に従わない心を育てることはお話ししました。そそうをしたら、叱らずに黙って後片づけ、です。

さて、ハウスから出してサークルへ。これがトイレ管理の基本でした。朝は、サークルに入れれば問題なくトイレタイムということになります。人間と同じように、朝起きていちばんにすること、それがトイレであることは犬も同じだからです。

問題はその他の時間。日中をどのように過ごしているかは、それぞれの家庭で違うと思いますが、犬にはトイレの〝タイミング〟があることを知っておきましょう。

朝はそのタイミングです。昼寝をしたあと、もそのタイミング。寝て起きたらサークルのなかへ移動させます。しばらく動き回っているとジャ～ということになります。

飼い主さんと十分に遊んだあと、というのもそのタイミングです。遊びに夢中になっているとオシッコすることもウンチしたいことも、犬は忘れていますから、「はい、遊びは終了よ」といって、サークルへ移動させます。ここでトイレタイムを待ちましょう。

そわそわしだす、床の臭いをかぎ始める……これもトイレのサインです。トイレの場所を探して犬は落ち着かなくなるのです。これを見逃さないこと。さっとサークル内へ連れて行きましょう。

「なんだか最近、いつもきれいな場所で、落ち着いてトイレができるな〜。あそこ（サークル）がその場所だって、覚えておけばいいんだね」

サークルの扉はつねに開けておきます。自分から入るようになったら、もう大丈夫です。

トイレにはタイミングがある
起床後
遊んだ後
ソワソワしたら
そうだ、ここだと
おちついて できるんだ

55

「あちこちでトイレ」の習慣がなくなるトイレスペース縮小法

「子犬と違って、成犬の場合、トイレのしつけは簡単にできない」

そんな話も耳にしますが、大丈夫。

犬にはちゃんと〝考える力〟があります。飼い主さんが要求することに、犬は「なぜ？」と考えます。この「なぜ？」を「わかった！」に結びつけるのは、飼い主さんの〝管理〟いかんにかかっています。

朝、ハウスからサークルへ移動してオシッコ。ここまでは飼い主さんが犬を連れて行ってやってください。このときサークルの「扉」は締めておくこと。しばらくは〝そこ〟にいることを覚えてもらいます。排尿したい欲求がこのときは強いはずですから、〝扉閉鎖〟には、あまり文句はいいません。

日中は、扉は開放しておきます。いつでもトイレへ行きたいときに〝自ら〟行ける状況をつくっておくのですが、〝あちこち〟が習慣になっているとしたら、サークルのスペースがトイレ場所だとはわかっていても、「えい、いいや、ここで」なんて思ったりもするわけです。

そこであえてこんな方法。

サークルの外側にもペットシーツを敷いておくのです。しばらくは広めに敷きます。いつもいつも飼い主さんがサークルに連れて行けるとはかぎりませんから、この方法でしばらく対処。犬はサークル以外でも、きっとします。ポイントは、ここでそのシートをあえて替えないこと。犬はきれい好きですから、汚れていないところを探してジャ～とやるはず。その場所をサークルのなかに誘導するというのがこの方法です。

　飼い主さんがこの瞬間を見ることができ、管理できるのであれば、サークルに入ったら扉封鎖を、どうぞ。そしてここも肝心。サークルのなかでオシッコができたら、「いいコねえ～」とほめてあげてください。

　この5分間トレーニングをつづけていると、本当にある日突然、「サークルがトイレ」を認識してくれますよ。

サークルの外にもトイレシート
シートを取りかえないと…
ここも汚い
あそこも！
きれいな所でしようっと
入ったら閉める→

56 トイレ&ベッドをいっしょにしたケージ飼いから〝引っ越し〟を

トイレのしつけが失敗する大きな原因をつくっているのは、わが家にやってきたときの環境づくりにもあります。初めて犬を飼うというとき、ペットショップですすめられるままに、ケージと、その中に入れるベッド（ハウス）と、同じスペースに入れるトイレをワンセットでご購入、ではありませんでしたか？　じつは、その〝ワンセット〟が、こんな問題を引き起こしているのです。

「サークルのなかで、ベッドとトイレを入れて育て始めました。サークルのなかにいると、トイレで排泄をし、ベッドで寝ているので、そこで排泄するということはありませんが、サークルの扉を開けて外で遊ばせていると、あちこちでトイレ。サークルのなかに戻ってすることはありません。ごはんも水も入れているので、どうしたものかと思っています」

わたしのところに寄せられる同様の質問は、本当にたくさんあります。でも、犬の習性からすると、このスタイルは、それをしている犬のほうが正しいのです。間違っているのは飼い主さんのほうです。

犬の先祖であるオオカミは、巣のなかを汚すことはありません。なぜなら、そこが巣であることを他の動物に知られてはいけないからです。安心して眠りたい場所の周囲を汚すということは、臭いをかぎつけてくる外敵の襲来を呼び込んでいることにほかなりません。排泄は巣から遠くへ、遠くへ、が犬の習性です。巣のなかで食事をすることもありません。

さあ、この状況を打破するには？　方法はひとつですね。犬の習性に従って、すべてを切り離すことです。ベッドとごはんはサークルの外へ、まず出してください。

ベッドは、そのままで〝ハウス〟としての認識があるなら、それでいいでしょう。「ハウス！」の符号で、犬は安心してそこで眠ることができますから、サークルの外に出しても大丈夫。ごはんと水のスペースも、「ここよ」を教えれば、なんなくクリアします。

さて、すべてのお引っ越しがすんだサークルのなかは、あっという間に快適な排泄空間になりましたね。まずは、ここにトイレの〝拠点〟があることを考えてもらいましょう。

57 お留守番ワンコがトイレの場所を覚える方法

「わが家のワンコ」として飼う環境は、さまざまです。庭があって家族もいる。そんな環境で飼われる場合もあれば、マンションの一室がその空間ということもあります。マンションに住む「共働き」のご夫婦から寄せられたのは、こんなご相談。

「共働きなので、犬は一日中お留守番です。留守中はハウスに入れておきたいと思うのですが、長時間だと排泄が心配。いまはハウスとサークルを自由に行き来できるようにしているのですが、ときどきウンチを踏みつけていることがあって……」

ご相談の犬はまだ子犬。長時間のお留守番ということであれば、ハウスの扉を開けておくのもやむをえません。そこで考えたいのは、ハウスとサークルの位置です。

まず、ハウスは部屋の隅に置いておきましょう。

「できれば、窓から遠くて、静かな場所がいいな～」

そう、犬は日当りも、風通しも気にしません。長時間のお留守番ならなおのこと、部屋の隅、がポジションです。サークルはその対角線上の、いちばんハウスから遠い場所へ。犬は「巣」からいちばん遠いところで排泄をするというのが習性だからです。

ただし、ここにも問題はあります。サークル内で何回か排泄すると、当然シーツが汚れま

す。日中は〝汚れたら替える〟という対応ができないわけですから、犬はきっと、

「トイレが汚れてて、イヤだな〜。あっ、ウンチ、踏んじゃった……」

と、面食らっているはず。

ここはサークルなしのトイレトレーニングに取り組みましょう。ハウスの対角線上にペットシーツを敷きます。そこを中心にサークル内に敷いている分より広く、広く敷いてください。まだ子犬ですから、あちこちでするでしょうが、しだいに〝いちばん遠いところ〟が、ハウスとの位置関係で〝快適なトイレ空間〟を学習していきます。

飼い主さんはその様子を、帰宅したらしっかりチェック。排泄の場所が〝狭く〟なってきたら、シーツの数を減らしていきましょう。

長時間の留守番には
対角線上の一番遠くへ
サークルなしで広めのシーツ
なるべく遠く なるべく遠く
一番はじの ここがいいや

58 「散歩中しかトイレをしない」問題を解決する2つの方法

「トイレのしつけに失敗したな〜って、後悔しています。散歩と排泄が〝セット〟になってしまったみたいで、家のなかでトイレをしてくれないんです……」

そう悩む飼い主さんは、多いかもしれません。室内でトイレをしない習慣ができてしまうと、雨が降ろうが雪が降ろうが、台風の日だって、朝晩の2回は散歩に連れ出さなくてはならないわけですから、大変です。

「早く〜！　もうオシッコがたまっておなか、パンパンだよぉ。早く散歩に連れていってくれないと……」。犬だって、大変です。

さて、この状況を打開する方法は2つ。「マーキング排尿」と「歩かない散歩」にトライしてみましょう。

「マーキング排尿」は、犬友だちの家のワンコの〝尿〟を拝借してきます。尿の臭いがついたペットシーツを1枚2枚。それをトイレスペースにしたい場所に置きます。

「おっ、なんだなんだ、この臭い。いつも散歩途中で漂ってくる臭いだぞ。え〜い、マーキングしちゃえ！」

次は「歩かない散歩」です。いつものようにリードをつけて、敷地内に庭があるなら、そこでしばらくリーダーウォーク。ごはんを食べたあとなら、排泄の欲求は高いはずですから、そこでウンチをさせるように仕向けます。

ここでウンチをしないのであれば、敷地内をほんの少し、でます。排泄をしても迷惑のかからない場所でストップ。それ以上は歩きません。飼い主さんは知らん顔して、その場を動かない。すると、庭で体を動かしていますから、犬は少しの距離でも「ウンチ！」ということになります。排泄をしたら、即、家に帰ります。こうして、家とウンチをする場所の距離を少しずつ縮めていくのです。

散歩と排泄は〝セット〟をインプットしてしまった犬が、早々と考えを改めてくれるとはかぎりません。成犬になっていればいるほど、難しい。そう考えてトライしてください。

散歩とトイレのセットをやめるには…
① トイレスペースに
友人の犬の尿
クソ！おれもマーキング
② 散歩せずに
リーダーウォーク
うっ
もよおしてきた

59 「うれしょん」は早めにこの手でストップ

飼い主さんが帰宅したとき、しっぽをちぎれんばかりに振りながらオシッコをジャ～。お客さんが来たときに、ジャ～。散歩中、お友達のわんちゃんに会ったときも、ジャ～……。犬が興奮したときにおもらしするいわゆる「うれしょん」。

こんなとき、「わっ、またうれしょんしちゃったの？」と騒いだり、ましてや叱っても効果がないことは、トイレを失敗したときと同じです。飼い主さんが騒ぎ立てるとますます犬は興奮し、うれしょんがクセになってしまいます。

また、飼い主さんに対してやったときは「うれしょんだから仕方がない」と許し、お客さんに対しては、「ダメでしょ！　お客さんにそんなことしちゃ！」などと対応が違うとどうなるでしょう。

「いつもは、よしよし、してくれるのに、なんでよぉ～」

犬は混乱してしまいますね。

そもそもこの「うれしょん」、生まれたばかりの頃に母犬からなめてもらって排泄した記憶が残っているためのもの。成長するにしたがってしなくなる犬もいますが、習慣化しやすいものなので、早めにストップさせておきましょう。

さて、その方法とは？　うれしょんをしても、無視して、「叱らない」です。

黙って後始末をする。ただ、これだけです。

お留守番をさせて帰宅したときにする場合は、犬を興奮させないよう、留守番のさせ方を変えてください（140・142ページ）。留守番をさせるとき、放し飼いにせず、〝ハウスのなか〟（144ページ）なら、なおいいでしょう。

飼い主さんが帰宅した様子を察知しても、いるのはハウスのなかですから、うれしょんでお出迎えはできません。

5分ほどクールダウンする時間を与えてから、ハウスから出す。これでうれしょんが習慣化してしまう心配もありません。

60 「食糞くせ」をなおすには〝注目されたい〟思考を断ち切ること

「なにやってんの！　そんなもの食べちゃダメダメダメ！」

愛犬が自分の排泄したウンチを食べようとする現場を目撃したら、誰だってびっくりすることでしょう。大声で、その行為を制止しがちです。

たしかに、人間から見ると〝異常行動〟に映りますが、犬の食糞《しょくふん》行動は珍しいことではありません。子犬は生まれてから2週間ほどはまだ、目も見えず、立つこともできません。排尿排便も、自分ではできません。この間、子犬のそけい部をなめて刺激を与え、排尿、排便の管理をするのは母犬の役割です。

「巣」のなかに排泄物の臭いを残しておくわけにはいきませんから、母犬はきれいになめて後始末をする。これが犬の習性です。だから、犬にとって食糞行動は、ＤＮＡのなかに組み込まれた行動なのです。

さて、問題なのはここから。飼い主さんからの〝大声〟は、そう、声援として受け取る、でしたね。

「あれ？　ウンチを食べるとすっごく注目されるんだけど、またやっちゃおっかな」

この思考回路をつくりあげてしまうと、「また、注目されたい！」と、同じことをしてしまう可能性は、極めて高くなります。

これをくり返させないためには、飼い主さんの排泄管理、です。定期的にトイレに出して、ウンチをしたらすぐにウンチの後始末をする。エサの時間が終わったあとなら、ウンチも出やすいもの。しっかり横目で見ていてください。

「最近、ウンチをしたらすぐにトイレから出されるんだけど、どうしてかな？　あの大注目、もうできないの……？」

そう、後始末を後回しにするから、食べる〝余地〟ができてしまうというわけです。ウンチをしたら、黙って後始末をする。〝声援〟をしなければ、問題は即解決です。

母犬は子犬のウンチを食べてあとしまつ
時には
こんな犬も
声援してくれてるゾ
定期的にトイレに出して
アレ. すぐに しまつされちゃった
食べる間がなかったなァ…

61 お出かけ前の5分が「お留守番上手」になるカギ

「うちのコはお留守番ができない」

そういう飼い主さんを見ていると、犬を家に残して出かける前に、必ずこんな行動をとっています。

「ごめんね〜。これから出かけてくるけど、ひとりでお留守番できるよね。帰るまでいいコにしててね、じゃあね、バイバイ」

この「別れの儀式」、犬を留守番下手にする一因なのです。

「ボク（ワタシ）、これからひとりぼっちになっちゃうの……？」

犬は群れで行動する動物ですから、じつは、ひとりは苦手なのです。その犬に向かって、

「あなたはこれからひとりになるのよ。寂しくなるんだよ！」

そう語りかけているようなものなのです。

寂しさを募らせた犬がとる行動は？　そそうをしたり、吠えたり、いたずらをくり返したり……。いわゆる「分離不安」による〝問題行動〟がみられるようになります。

出かけるときに声はかけない。これが原則です。ハウスのしつけ（34ページ）も大前提です。

ハウスに入っていれば、プライベート空間に安心できるはずですが、ここに入る習慣がないとしたら……。「別れ」を強調する行為は、犬に不安とストレスを与えてしまいます。

犬は飼い主さんが出かける支度をしていれば、自分も連れて行ってもらえると考えます。気分はウキウキです。この〝ウキウキ〟をできるだけ押さえる対応をしましょう。

着替えがすんで、出かける準備が整っても、しばらくは家のなかで過ごします。犬のウキウキがおさまるまでは、話しかけたり、目線を合わせないこと。

そして、犬が落ち着いたところで、さりげなく、スーッと出かけてください。

「出かけても、ちゃんと帰ってくるから、大丈夫！」

犬とその約束を取りつけるまでは、出かける前の〝5分〟から慣らしていきましょう。

ごめんね
ごめんね
身仕度しても
しばらく一緒に
そのうち帰ってくるさ

62 留守番がストレスにならない〝帰宅後の5分〟の習慣

「ただいま！　いいコにしてた？　そう、そんなにうれしいの〜」

帰宅したとたん、しっぽフリフリ駆け寄ってくる愛犬を抱きしめて、頬ずりしたりと、思う存分の再会。犬をかわいがるあまりの、この「再会の儀式」もやめたほうがいいでしょう。「犬もうれしそうにしているのに、なんで問題なの？」と思われるかもしれません。しかし、これも犬の幸せのため。

犬は飼い主さんの帰宅で興奮状態です。ひとりぼっちで寂しかったわけですから、よろこびの興奮度は最頂点です。

「遅かったじゃないっ！　わ〜い、うれしいよ、いいコにしてたよ」

飼い主さんが犬を抱きしめたり、声がけをすればするほど、興奮しっぱなしということになります。

この揺り戻しのような精神状態を日常にしていると、犬の心は安定しません。不安定な精神状態は、犬に大きなストレスがかかります。結局、いつまでたっても留守番には慣れず、ストレス症状が出ることもあります。

だから、犬がおおはしゃぎで「お帰り〜！」をしていても、しばらくは無視をしてください。

目線をあわせたり、声をかけるのは、犬の興奮がクールダウンしてきてから。

「あれれ？　ボク（ワタシ）がこんなに大はしゃぎでよろこんでいるのに、なんだか知らん顔してるんだよな……」

どうしてだろうと、犬は考えます。

「なんだか、張り合いがないな〜。もう大はしゃぎするの、やめよっ！」

これをくり返していくと、「いってらっしゃい」「お帰り」が、スムーズになります。

犬の精神状態も安定していられます。帰ってくるたびに犬を興奮させない飼い主さんの対応が、留守番しても平気な犬に変身させるのです。

63 留守番中のいたずらは〝ハウス〟で解決

「いいコでお留守番しててね」

そういい聞かせて外出したものの、帰ってみたら、部屋中が荒らされてグチャグチャ。飼い主さんが出かけてしまい、取り残されることへの不安（分離不安）からの行動ですが、これは少しずつ慣らせていくしかありません。出かけるときも、帰ってきたときも、犬を無視して接触を持たない。それをつづければ、不安を感じることはなくなり、問題行動もしないようになります。

もっと、即効性がある方法としては、外出中はハウスに入れておく。これにかぎります。部屋に取り残されれば、外部の人間が入ってくるかもしれないとつねに緊張していなければならないし、周囲の環境音だって気になります。不安になる材料がいっぱいあるわけです。

しかし、ハウスのなかにいれば、周囲を囲まれていて安心。だれかが入ってくる心配もありません。落ち着いた気持ちでいられるから、問題行動は起きないのです。ただし、

「そんなに長い時間ハウスに入れておいて、食事とかトイレは大丈夫なの？」

と疑問に思うかもしれません。

心配はいりません。７時間、８時間くらいはハウスに入れっぱなしにしても、まったく問

題なし、です。

夜のことを考えてみてください。飼い主が寝ているあいだ、犬も寝ているのではないですか？　その間、犬がトイレに用を足しに行ったり、エサを食べたりしていますか？　人間の睡眠時間程度なら、犬は悠々耐えられます。

狭いハウスに長時間閉じ込められたら、ストレスがたまりそうですが、じつは逆なのです。外出するときにエサを与え、排泄をすませてしまえば、ハウスは犬にとって、どこよりも快適な空間になります。

64 トイレシーツをかじるくせに効く“おもちゃ”の工夫

トイレシーツをまっさらなものに換えて出たのに、帰宅してみると、シーツがいたずらされてボロボロになっている。「あ〜ぁ、こんなにしてくれて……」。ため息のひとつも思わずこぼれ出る状況です。

飼い主さんが家を空けて間にいたずらをするのは、その環境になんらかのフラストレーションを感じている証拠。いたずらに見えても、じつは、フラストレーションを解消する行動なのです。このケースはたまたまトイレシーツが標的になった、というわけです。シーツをかじってボロボロにしてしまうということは、トイレのスペースと居場所が切り離されていない、ということです。たとえば、サークルで囲ったなかにトイレを置き、トイレ以外のサークル内のスペースが居場所&遊び場所になっている、といったケースです。

これがそもそも環境的な問題点です。かじるにはうってつけのシーツがそばにあったら、ビリビリやってボロボロにしてしまうのも当然でしょう。その“惨状”を見て、飼い主さんが、

「あっ、またこんなにしちゃって。だめじゃないの！」

と大騒ぎしたら、犬はますます“やる気”に燃えます。「こうすると、ご主人はボクに注意を向けてくれるんだ」と考えてしまうからです。飼い主さんが出かけたら、早速、トイレ

シーツの解体に取りかかるかもしれません。

トイレスペースは独立させて、ふだんの居場所とは切り離すようにしてください。出かけるときは、トイレスペースに入れ、排泄がすんだら出してやる、というふうにしましょう。トイレと居場所が同じスペースというのは、犬にとって劣悪な環境だということを知ってください。

かじるという行動自体は、遊びであったり、エネルギーの発散であったりするので、むやみにやめさせようとすると、かえってフラストレーションがたまることもあります。かじってもいいおもちゃを与えておいてはどうでしょう。おもちゃをかじるのは、〝いたずら〟ではなく、〝遊び〟ですから……。

65 部屋中のモノを散らかす犬への根本療法

「このコったら、何でもかじるんだから。部屋を片づけたって、すぐ散らかしちゃうから、いやになっちゃう」

飼い主さんのそんな声もよく聞きます。部屋に置いてあるものをあたりかまわずかんだり、引きちぎったりするのは、それに興味があるとか、好きだから、というわけではありません。クッションやスリッパはよく狙われますが、犬があえてそれらを狙っているなんてことはないのです。犬はこう考えています。

「ここではオレがいちばん偉い。ほら、みんなオレのほうを見ろよ。オレがやっていることをちゃんと見ておけ！」

自分の行動に注目させることで、自分が上位であることを示そうとしている、といっていいでしょう。これに飼い主さんは乗せられてしまいます。

「何やってるの。クッションはかんじゃいけないっていってるでしょう！　ほら、放しなさい。ダメ、ダメ……」

こう〝叱りつける〟わけですが、犬は叱られているとは感じません。自分の行動にやんやの喝采《かっさい》が浴びせられている、と受けとるのです。下位にいる飼い主が上位の自分に拍手を送っている、くらいに考えているわけですね。

ここでしなければいけないのは、主従関係をただちに入れ替えることです。クッションをかじるという行動だけに目を向けていてはダメ。その行動に駆り立てている根本原因を取り除かなければ、問題は解決しません。

ずばり、「ホールドスティル」（50ページ参照）です。犬の後ろに回って、ゆっくりカラダを抱きかかえます。抵抗してもカラダを密着させて、静かになるまでその態勢をキープしましょう。

さらに、「マズルコントロール」（50ページ参照）、「タッチング」（52ページ参照）をおこなうと、効果はさらに高まります。

ボス化した犬は・・・
ねえ ホラ みて、みて
叱り声も 喝采に
おまえは 下
主従関係を入れかえよう

66

動くモノに食らいつくくせは“マズルコントロール”で対応を

部屋で過ごしているとき、パンツの裾に食らいついてくる、といったことはありませんか？あるいは、拭き掃除をしているときに、雑巾めがけて突進してきて、グチャグチャかむ、ということはないでしょうか。

動いているものを追っかけて、かみついてくるというのも、犬にはよく見られる行動です。飼い主さんは「また、じゃれてきて……」と受けとっているかもしれませんが、これも権勢本能（自分は偉い！）のあらわれなのです。

「じゃれているんだから、まぁ、このくらいはいいか」とそのままにしておくと、権勢本能はエスカレートするばかり。飼い主より自分が上位にいるのだ、という思いがますます強くなってしまいます。そうした行動があらわれたら、すぐに「ホールドスティル＆マズルコントロール」（50ページ）で対応してください。

犬は権勢本能と同時に服従本能も持っています。前者を押さえ込み、後者をグングン伸ばすのに、これにまさる方法はありません。本来、マズル（口）はいちばんさわられたくない部分。そこを飼い主さんが自由に動かすことで、犬は「自分はこの人に服従しているのだな」と考えるのです。

主従関係はすぐにも変わります。とくに若い犬の場合は、その場でガラッと変わる、といってもいいでしょう。一瞬にして関係がリセットされ、主従が入れ替わるのが、このホールドスティル＆マズルコントロールの〝合わせ技〟なのです。

若い犬にとりわけ効果が高いのは、人間に対して敵意を持っていないからです。たとえば、暴力的な対応をされて育ってきた犬は、人間に不信感や敵意を抱くようになります。いわば、マイナス感情が育ってきているわけですから、そこから一気に飼い主さんに対して、「信頼できるリーダー」という思いを持たせるのは難しいといえます。

それまで誠実なつきあい方をしてきた飼い主さんなら大丈夫。いつからでも主従の入れ替えは簡単にできます。

こんなかみつきも…
おれ様エライ!
主従を入れかえるには
そうかこの人が主なんだね。
マズルコントロールが一番!

67 ゴミ箱をあさるくせが消える〝与えっぱなしおもちゃ〟のつくり方

キッチンのゴミ箱をあさられて困っている。「こらぁ!」なんて叱るのが逆効果、ということも、経験されているのではないでしょうか。「そう、叱ったらよけいするようになっちゃって……」「怒ったら、ウウウッとうなり声を上げられた」。そんな声をよく聞きます。

室内で放し飼いをしているケースはもちろん、ときどきハウスから出して遊ばせている、という場合でも、ゴミ箱あさりに手を焼くことはあります。何かしら食べ物の臭いがついているゴミ箱に犬は興味津々。〝探索〟しないではいられないのです。

まず、してほしいのは犬が興味を示しそうなゴミ箱などを犬から「隔離」すること。キッチンのドアを閉めて行けなくするとか、高いところに置いて手が出せないようにするとか、家の状況に合わせて工夫しましょう。

そして、何か興味を持つものを与える。ものの5分もかからずに手作りできる〝与えっぱなしおもちゃ〟はどうでしょう。

使わなくなったタオルにドッグフードを少し入れてギュッとしばる。作業工程はこれだけです。ドッグフードのおいしい臭いがしますから、このおもちゃは犬の興味を間違いなく惹きます。

かじったり、引っぱったり、振り回したり……。好きなように遊ばせてあげてください。タオルがボロボロになって中身がこぼれてくるまでが、このおもちゃの消費期限ということになりますね。

ひとつ夢中になれるおもちゃがあったら、ほかのものに対する興味は薄れます。

「いい臭いがするし、こいつはボクのお気に入りだ。きょうもこれで遊ぼう」

そう犬は考えるのです。つまり、与えっぱなしおもちゃが、いたずらされては困るものの、いわば、セーフティネットの役割をはたしてくれる、というわけです。効果絶大ですから、さぁ、手作り開始！

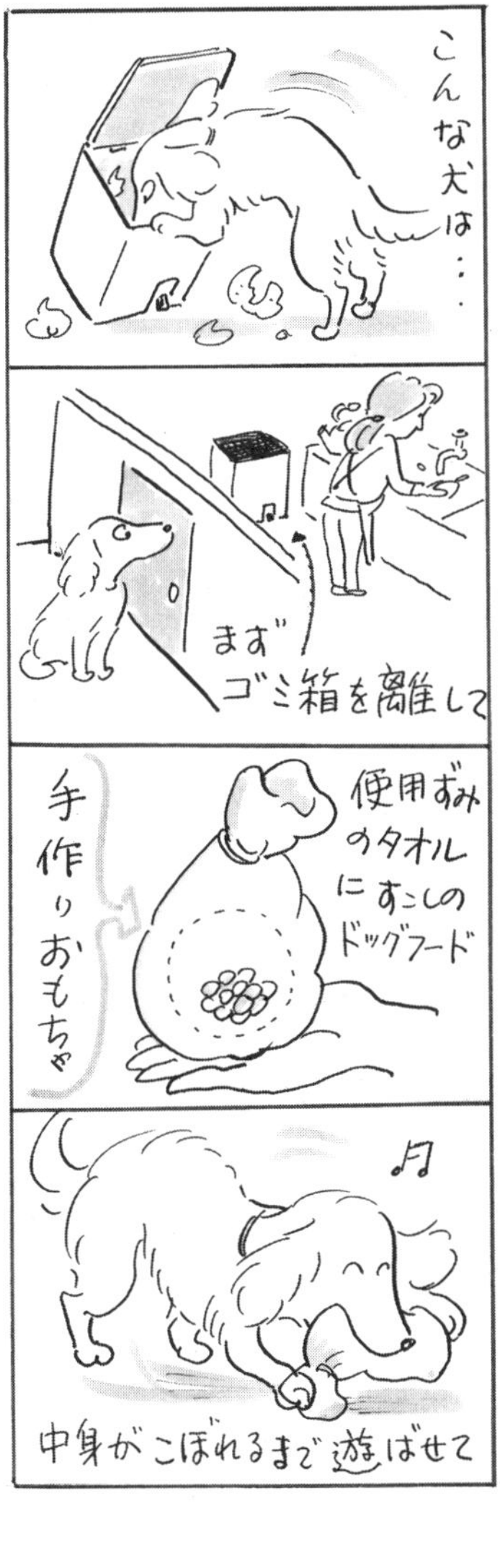
こんな犬は…
まず
ゴミ箱を離して
手作りおもちゃ
使用ずみのタオルにすこしのドッグフード
中身がこぼれるまで遊ばせて

68 エサを食べ残すくせに効く〝片づけ〟の習慣

以前はよく食べていたドッグフードを同じ分量あげているのに、このごろ食べ残すようになった。そんなとき、どんな対応をしていますか？

「飽きちゃったのかな？　別のごはんにする？」

といって、エサのグレードアップをしていませんか。食べ残しが多くなるたびに、こんなことをくり返していると、いつしか犬は、

「今度はどんな味のごはんが食べれるのかな～。楽しみ、楽しみ」

ということを学習してしまいます。

お肉を混ぜてあげたりなんかしたら、もう大変。「グルメ犬」へまっしぐらです。たんにぜいたく、わがままというだけでなく、肥満になり、いずれは健康被害に悩まされることになってしまいます。

犬がそれまで食欲旺盛に食べていたエサを残すようになるには、２つの理由が考えられます。

ひとつは健康上に問題があって食欲がなくなっているケース、もうひとつは、ただカラダが要求しないから食べないというケースです。

前者の場合は、日々の様子から判断し、獣医師の診断を仰ぐ必要がありますが、後者の場合、ドッグフードをグレードアップする必要はありません。

食べ残していたら、食器を片付ける。これだけです。

「あんなにいっぱい、おいしいもの食べさせてくれたのに、なんで〜?」

そんな要求があっても、黙ってさげてください。これも5分とかかりません。おなかがすけば、次の食事時間には〝ガツガツ〟ということになりますから、大丈夫。

その他、食事の管理に関しては、28・49・74ページも参照してください。食事のほか、排泄、飼育場所、散歩……など、飼い主さんのちょっとした「管理」が、犬を賢く変身させるカギを握っているのです。

69

多頭飼いがうまくいく〝順位づけ〟法

2頭以上の多頭飼いをしている飼い主さんも少なくないようですが、1頭でさえ手に余るのに、何頭もがさまざまなトラブルを起こしたら、飼い主さんは大変です。

多頭飼いの原則は、やはり、1頭1頭のしつけをしっかりする、ということです。それぞれの犬ときっちり主従関係を築いていれば、何頭いてもコントロールするのは簡単です。

また、犬同士の優先順位をはっきりつけておくことも大切。

たとえば、1頭飼っていたところに新しく子犬がきた、といったケースでは、どうしても子犬に手をかけがちになります。それが先輩犬のストレスになって、それまで起きていなかった問題行動が発生ということになったりします。

その問題行動は子犬にもいい影響は与えません。マネをして同じようなトラブルを起こす、ということになるからです。そうならないためのカギは、とにかく先輩犬を優先するということにつきます。

エサを食べる順番も、散歩に出るさいリードをつける順番も、飼い主との接触も……すべて先輩犬を優先するのです。

優先順位をはっきり示しておけば、

「新しくきたコより、やっぱりボクのほうが上位なんだ。ご主人もちゃんとそれをわかってくれているな」

と犬は考えますから、余計なストレスを感じることもなく、心穏やかにすごせるのです。

新参者のほうも、「自分は2番目」という意識を持ちますから、自然に先輩犬に従うようになるでしょう。

群れのリーダーに従っているのが、犬にとっていちばん安心できる生き方。優先順位を明確にすることは、後輩犬の幸せでもあるのです。

70 先輩犬と後輩犬、食事の〝時間差〟戦略でトラブル激減

多頭飼いでのトラブルとして、こんな相談を受けたことがあります。先輩犬が後輩犬の耳をかんでいることがよくある。仲よくやっていけるか心配だ、というものです。

かむといってもこれは甘がみ。甘がみは順位を確認する行動です。先輩犬が後輩の耳を甘がみすることで、「オレのほうが偉いよな」ということを知らしめているわけ。大ゲンカに発展することはありませんから、やらせておけばいいのです。

多頭飼いでちょっと注意して欲しいのは食事の問題です。たとえば、2頭飼っている場合、食事を同時に与えていることが多いのではないでしょうか。すると、どういうことが起こるか？

自分のエサを平らげてしまった先輩犬が、後輩犬のエサを〝ぶんどって〟食べてしまう、ということになったりするのです。その結果、「食べすぎ」の先輩犬は肥満になり、健康面で問題が起きることにもなります。

食事は「時間差」で与えるのがいいでしょう。前項でもお話ししましたが、先輩優先が鉄則ですから、まず、先輩犬にエサを与える。食べ終わったら、もちろん、食器は片づけます。後輩犬にエサを与えるのはそれから。食べている途中に先輩犬が〝介入〟しないように、ハ

ウスに入れるとか、別の部屋に入れるとか、リードでつなぐとか、距離を置いておくのがポイント。食べ終わったらエサが残っていても、そのままにしないで片づけてしまいます。

食事を時間差で与えることには、優先順位をはっきりさせることのほかに、もうひとつメリットがあります。それぞれが安心して食事ができる、というのがそれ。同時に与えると一方がちょっかいを出すこともありますし、出されたほうは気になって食欲が落ちるということも考えられます。

とくに神経質な犬種の場合には問題が起きやすいかもしれません。周囲を気にせず、集中して食事をするためにも時間差は有効です。

先輩犬
おれが上よ
後輩犬
甘がみはOK
これは
よこせ
はじめは
おまえ
食事はずらして
与えよう
あんしーん

著者紹介

藤井　聡

1953年東京生まれ。日本訓練士養成学校教頭。オールドッグセンター全犬種訓練学校責任者。ジャパンケンネルクラブ公認訓練範士。日本警察犬協会公認一等訓練士正。日本シェパード犬登録協会公認準師範。

日頃は訓練士の養成を行いながら、国内外でのさまざまな訓練競技会に数多く出場。98年度にはWUSV（ドイツシェパード犬世界連盟）主催訓練世界選手権大会日本代表チームのキャプテンを務め、団体第３位、個人第８位に入賞する経験をもつ。

また、全国の問題犬の駆け込み寺として、オペラント訓練技法を用いた家庭犬の指導にも精力的に取り組み、日本全国で「犬のしつけ教室」の講演・講習を行っている。あっという間に問題犬を直すカリスマ訓練士としてテレビ出演も多数。主な著書に『「しつけ」の仕方で犬はどんどん賢くなる』『犬がぐんぐん賢くなる遊び方・遊ばせ方』『イヌがどんどん飼い主を好きになる本』（小社刊）などがある。

〈問い合わせ・連絡先〉
㈱オールドッグセンター
全犬種訓練学校　日本訓練士養成学校　聴導犬訓練所
〒356-0051　埼玉県ふじみ野市亀久保2202
TEL. 049-262-2201　FAX. 049-262-2210

カリスマ訓練士《くんれんし》の
たった5分《ふん》で犬《いぬ》はどんどん賢《かしこ》くなる

2011年3月25日　第1刷
2017年2月10日　第19刷

著　　者　藤《ふじ》井《い》　聡《さとし》

発行者　小澤源太郎

責任編集　株式会社　プライム涌光

電話　編集部　03(3203)2850

発行所　株式会社　青春出版社

東京都新宿区若松町12番1号　〒162-0056
振替番号　00190-7-98602
電話　営業部　03(3207)1916

印刷　共同印刷　製本　大口製本

万一、落丁、乱丁がありました節は、お取りかえします。

ISBN978-4-413-06433-0 C0076